现代环境设计理论与方法研究

周晓晶　王亚南　著

北京工业大学出版社

图书在版编目（CIP）数据

现代环境设计理论与方法研究 / 周晓晶，王亚南著. —
北京：北京工业大学出版社，2022.1
ISBN 978-7-5639-8247-9

Ⅰ. ①现… Ⅱ. ①周… ②王… Ⅲ. ①环境设计—研
究 Ⅳ. ① TU-856

中国版本图书馆 CIP 数据核字（2022）第 027444 号

现代环境设计理论与方法研究
XIANDAI HUANJING SHEJI LILUN YU FANGFA YANJIU

著　　者：周晓晶　王亚南
责任编辑：刘　蕊
封面设计：知更壹点
出版发行：北京工业大学出版社
（北京市朝阳区平乐园 100 号　邮编：100124）
010-67391722（传真）　bgdcbs@sina.com
经销单位：全国各地新华书店
承印单位：三河市腾飞印务有限公司
开　　本：710 毫米 ×1000 毫米　1/16
印　　张：12
字　　数：240 千字
版　　次：2023 年 4 月第 1 版
印　　次：2023 年 4 月第 1 次印刷
标准书号：ISBN 978-7-5639-8247-9
定　　价：72.00 元

作者简介

周晓晶，大连大学美术学院环境设计教研室主任，毕业于鲁迅美术学院环境艺术设计系，设计艺术学硕士研究生，研究方向为环境设计。

王亚南，大连市建筑设计研究院景观院院长，研究方向为景观环境设计。

前　言

环境设计与人们的日常生活紧密相关，环境设计水平的提高是人与环境、人与自然和谐发展，以及人们生活水平与质量不断提高的重要标志。不断增强人居环境的科学性与艺术性，创造更合理的、更健康的生活方式是环境设计师的重要任务。如何通过设计将室内空间和室外空间变成既满足人们生活、工作、娱乐的功能性要求，又具有深刻的文化内涵，能满足人们的精神生活需求，富有时代特色的人居环境，是环境设计专业教育面临的重要使命。基于此，本书对现代环境设计理论与方法展开了系统研究。

全书共六章。第一章为绪论，主要阐述了环境设计的概念、环境设计的原则、环境设计的构成要素、环境设计的理论基础、环境设计的风格流派等内容；第二章为环境设计的现状与发展，主要阐述了世界环境设计的现状、我国环境设计的现状、环境设计的发展趋势等内容；第三章为现代环境设计的影响因素，主要阐述了环境设计的思维因素、环境设计的主客体因素、环境设计的空间影响因素等内容；第四章为现代环境设计的美学表现，主要阐述了设计美学与环境和谐、环境设计的表达形式、环境设计的美学规律等内容；第五章为现代环境设计的方法，主要阐述了环境设计的基本程序和环境设计的基本方法等内容；第六章为现代环境设计的实践，主要阐述了建筑设计、室内空间设计、景观环境设计等内容。

为了确保研究内容的丰富性和多样性，笔者在写作过程中参考了大量理论与研究文献，在此向涉及的专家及学者表示衷心的感谢。

限于笔者水平，本书难免存在一些不足之处，恳请同行专家和读者朋友批评指正！

目　　录

第一章　绪　论

随着社会和经济的发展，人们的生活水平和生活质量都有了极大的提高。同时，人们对所生活和生存的空间环境也提出了更高的要求。环境设计为人们营造了一个舒适、温馨的生活、工作、休闲和娱乐环境，逐渐受到了人们的重视。本章分为环境设计的概念、环境设计的原则、环境设计的构成要素、环境设计的理论基础、环境设计的风格流派五部分。

第一节　环境设计的概念

一、环境设计的基本概念

（一）环境的基本内涵

环境是一个内涵丰富、外延宽泛的概念，广义上指人类所存在的一切周围地方，以及其中存在的一切可感知的事物，具有宏观和微观之分。通常将环境分为自然环境与人工环境两大类，也可进一步将其分为自然环境、建筑环境以及园林环境等类型。大自然中的飞禽走兽、草木虫鱼、山川河流都是自然环境的一部分，城市生活中的建筑园林、道路景观是人文环境的构成要素，甚至人们的行为活动和生存条件也都是环境中的重要因素。人类与环境彼此作用，相互影响，人类在对环境改造和利用的过程中，努力创造出符合自身价值取向的生存环境。从环境设计的角度上看，环境还可被分为“内在环境”及“外在环境”两个方面。

其中，构成事物本身的组织和物质叫作“内在环境”，而在“内在环境”之外的客观存在就是“外在环境”，包含了实现设计意图所需的各种客观存在。从现代系统科学的角度来看，“环境”和“系统”间存在着特定的依存关系。环境的存在是系统存在的依据，环境为组成系统的各要素间相互交流提供依托，适宜的环境条件对系统稳定运转起到积极作用。系统的环境、结构以及各类元素都直接影响着系统功能的实现。

1987 年，赫伯特·亚历山大·西蒙在《关于人为事物的科学》中指出，如今人类所处的早已不是原本自然的世界，而是人造或者经过人类加工雕琢过的世界，在人类所接触过的每样东西上都能找到人们存在过的踪迹。人类借助技术制作自身需要的物品，并借由这些物品的力量，不断适应和改造大自然的环境，同时也为自身的生存和发展创造了更加适宜的生存环境。基于这种理念，人们对环境的认知逐渐从自然实体转变到一个抽象的概念。在此发展过程中，环境已不单充当人类行为活动的衬布，自然环境和人文环境已然成为文明发展的载体。对环境的时代性解读可以指导人类在现实生活中的行为，以达到更好地改造环境的目的。

（二）设计的基本内涵

1. 设计的产生

设计起源于人类生存的需要。从哲学的角度讲，有目的的实践活动体现了人类所具有的主体性和能动性。“设计”作为人类的实践活动，既是人类改造自然的标志，也是人类自身进步和发展的标志。

在设计概念的产生过程中，起着决定性作用的是劳动。劳动创造了人类，人类为了自身的生存就必须与自然界做斗争。人类最初只会用天然的石块或棍棒作为工具，以后渐渐学会了拣选石块、打制石器，作为敲、砸、刮、割的工具。这种石器便是人类最早的产品。由于人类能从事有意识的、有目的的劳动，因此产生了石器生产的目的性，这种生产的目的性，正是设计最重要的一个特征。人类早期使用的石器一般是打制成型的，较为粗糙，通常称打制石器时代为“旧石器时代”。事实上，整个人类的设计文明就已在这时萌发了。通过观察世界各地遗址中发现的石器，人们可以了解到人类设计概念产生和演化的过程。

随着历史的发展，人类在劳动中进一步改进了石器的制作方式，把经过选择的石头打制成石斧、石刀、石锛、石铲、石凿等各种工具，并加以磨光，使其工整锋利，还要钻孔用以装柄或穿绳，以提高实用价值。这种磨制石器的时代，称为“新石器时代”。经过磨制的精致石器显示了一定的美感和制作者对形的控制能力。但是，这些精致的片状石器并不仅是因其悦目而生产出来的，而是工具本身在使用中被证明是有效的。

将实用与美观结合起来，赋予物品以物质功能和精神功能，是人类设计活动的一个基本特点。几万年前，生活在北京周口店的山顶洞人就已开始利用钻孔、刮削、磨光等技术，并采用石块、兽牙、海贝等自然材料来制作装饰品。它们是原始人类审美观念的反映，体现了人类对生活的信念和热爱。

从遗存的大量石器造型来看，原始先民已能有意识地、有控制地寻找和塑造一定的形体，使之适应某种生产或生活的需要，这些形体作为有意识的物化形态，体现了功能性与形式感的统一。形式感中的对称、曲直、比例、尺度等因素尽管还处于幼稚阶段，但对后来的设计产生了巨大的影响，尤其是新石器时代磨制的石工具的造型设计，体现出相当成熟的形式美。

2. 设计的定义

设计这个词在中国很早就有了，最早是被作为动词使用的，比如，《三国演义》里提到设计的就有 17 个回目。在西方设计也长期被作为动词使用，其概念产生于文艺复兴时期，如 15 世纪绘画理论家弗朗西斯科・朗西洛提在其《绘画论集》里把设计、创造、色彩和构图称为绘画四要素，这里设计主要是指艺术表现的各个要素的处理和组成元素的有机结合。

现在我们所说的设计也常被作为名词运用。张道一教授主编的《工业设计全书》中解释设计一词含义的时候提到设计的双重属性，之所以设计一词具有双重属性，是因为第一次世界大战之后，在世界第一所设计教育学校德国包豪斯成立时，设计被作为一些课程名而出现，如“家具设计”“印刷设计”等，于是，设计慢慢地具有了名词属性。但设计作为具有现代意义上的一种科学、一个学科概念，是从 150 多年前英国工艺美术运动的先驱者艺术评论家约翰・拉斯金与设计师威廉・莫里斯所形成的设计思想开始的。在随后的 20 世纪里，设计学科逐步发展走向成熟。设计在现代汉语中的意思是“在做某项工作之前预先制定方法、图样等”。“设”的基本解释为布置、安排、设立、设置、筹划等，“计”有主意、策略、谋划、打算等意思，“设计”一词几乎包含了“设”与“计”的所有含义，因此具有宽泛的内涵。1974 年第 15 版的《大不列颠百科全书》对“Design”进行了较明确的现代性解释，即指进行某种创造时计划、方案的展开过程，即头脑的构思。

可见，在西方“Design”与汉语原有词汇“设计”在本质上是一致的。但随着时代的发展，这个词慢慢具有了更多的内涵。对什么是设计也有了很多种说法，至今也没有统一的观点。对于设计定义的历史演变过程，李砚祖在《设计艺术新论》一文中做过梳理。

1907 年，德国的第一个设计团体“德意志制造联盟”在慕尼黑成立，作为一个极具影响力和凝聚力的设计组织，其宗旨是“通过艺术家、工业家和手工工人的合作努力，达到工业化产品的改进”。这一宗旨，也可以理解为20世纪初人们对设计的一种定义和一种认知。在德意志制造联盟之后，德国最重大的设计事件是包豪斯设计学院的建立。1919年，在建筑师瓦尔特·格罗皮乌斯的努力下，德国在魏玛建立了一所真正现代的设计教育院校——包豪斯。包豪斯的办学宗旨是倡导“艺术与科学技术的新统一”，我们也可以将此看作他们对设计的一种注解和定义。包豪斯在教学与设计实践中努力地去实现这一宗旨，但从实际效果看，包豪斯的设计仍然属于一种艺术型的设计，一方面，因为包豪斯的教师队伍是一支以艺术家为主体的队伍；另一方面，当时人们对设计的认识和需求与今天的还有很大差异，设计在形式层面的追求往往是主要的。20世纪30年代，西方的设计界都明显表现出这一倾向性，即设计基本上是以艺术为主导的，设计赋予了产品以新的形式，通过形式的变幻和风格激发人的购买欲望，刺激消费。因此，设计成了20世纪30年代挽救西方世界经济萧条、振兴经济的法宝和工具。美国设计师雷蒙德·罗维由此而成为英雄式的人物，使美国设计的发展推动了经济的发展，他成了经济奇迹的创造者。这一时期人们对设计的关注，主要是对设计形式的关注，因此，设计成了“样式设计”，这也是这一时期设计实际上的经典定义了。

20世纪50年代，时值第二次世界大战之后，现代设计中的国际主义风格正处于鼎盛时期。1957年6月，成立了国际工业设计联合会，1964年，国际工业设计联合会在比利时布鲁塞尔举办的工业设计教育讨论会上，对设计（工业设计）做了定义：“工业设计是一种创造性活动，它的目的是决定工业产品的造型质量，这些造型质量不但是外部特征，而且主要是结构和功能的关系，它从生产者和使用者的角度把一个系统转变为连贯的统一。工业设计扩大到包括人类环境的一切方面，仅受工业生产可能性的限制。”

20世纪60年代，设计发展的良好势头以及在各国经济发展中的重要作用，不仅使得“设计”日益受到重视，还使“设计”自身的疆域得到了极大的拓展。20世纪60年代既是现代设计的鼎盛时期，又是设计发展的一个转折时期。设计正从现代主义阶段向后现代主义阶段转变。当然，对于“后现代主义设计”，我们既可以理解为不同于现代主义设计的一个历史新阶段的设计，即现代主义之后的设计；也可以理解为现代主义后期阶段的设计。无论如何，设计的变化是毫无疑义的。

20世纪60年代以后，后现代主义设计思潮逐渐成为设计的主流，设计不仅扩展了自己所涉及的范围，更重要的是设计观念的重大变革、设计主旨的重大变化。进入20世纪80年代，一个被广泛接受的是1980年国际工业设计联合会在巴黎举行的第十一次年会修改的定义："就批量生产的工业产品而言，凭借训练、经验及视觉感受而赋予材料、结构、形态、色彩、表面加工以及装饰以新的品质和资格，叫作工业设计。根据当时的具体情况，工业设计师应在上述工业产品全部侧面或其中几个侧面进行工作，而且，当需要工业设计师对包装、宣传、展示、市场开发等问题付出自己的技术知识和经验以及视觉评价能力时，这也属于工业设计的范畴。"20世纪80年代以来，席卷全球的信息革命浪潮，使人类社会开始步入所谓的"数字化时代"，信息高速公路、网络、计算机的普及，不仅置换了设计工具，更改变了整个人类社会的生活，同时，也催生了信息艺术设计之类的新设计专业；而生态问题、可持续发展观念，则使设计从过去造物的圈子中走出来，被纳入一个包容自然和人类社会的整体世界之中；生态观、可持续发展观赋予设计以新的使命和新的视角，也赋予了新的含义。因此，设计开始了新一轮革命性的改造，原有的设计定义也开始受到颠覆；原先作为制造的"设计"，变成了数字化的虚拟制造的设计；与物质设计并列的是非物质设计……

设计的疆域进一步拓展，设计的观念不断变革，学科交叉日渐增多、日趋复杂，区域性设计乃至社会性设计日显重要，设计的向度更趋多元化，因此设计的定义也就更加难以界定，但也更需要重新界定。

3. 设计的目的

设计创造体现了人类认识自然、改造自然以及生存方式的更新变化，所以设计与人、物、环境、社会相协调。其终极目的是为人服务，是适应生活的需要，顺应社会的发展，采撷历史文化的积淀，为人创造一个更合理的、更理想的生存方式，从而改善环境、工具以及人自身，确证人类文明之所在。

"人"是生物的，更是社会的。"为人服务"具有双重含义。作为生物的人，要满足最为基本的衣、食、住、行等需求。从这个角度来说，"为人服务"的最基本表现形式，是以设计"物"适应人的生理特点，满足人的生理需求。所以，充分考虑人的生理特点和需求，对物的结构、材料、造型、功能等因素进行恰当的、合理的设计，使其以最为完美的适应性和实用性满足人的要求，是实现设计目的的首要内容。

古希腊神话中有一个著名的"普洛克路斯忒斯之床"，说的是一个拦路抢劫的强盗普洛克路斯忒斯的故事。他在一条大道旁安放了一张床，凡是从此路过的人都必须在这张床上躺一躺，比床长的人要被他切掉长出的部分，比床短的人要被拉得和床一样长。这则故事深刻地揭示了人类造物的一条原则，就是以人为尺度，一切为人而设计。如果以物度人，就会成为"普洛克路斯忒斯之床"。无独有偶，中国成语故事“削足适履”可谓与“普洛克路斯忒斯之床”有异曲同工之处。

另外，人类不断发展的生理需求，需要不断更新，开发新的物来满足，作为一个动态体系，设计目的的“为人服务”还存在于引导需求的过程中，作为社会的人，对物和环境的需求并不单纯局限于生理需求。其社会需求也需要不断得到满足。这些要求是通过人与人、人与物、人与环境的相互作用形成的，并在作用的过程中得到心理和精神满足。“为人服务”便使这种相互作用达到合理、和谐的效果。

创造合理的生存（或使用）方式，体现在设计对生物的人和社会的人综合分析研究而达成的合目的性创造活动的全过程中，是设计目的的统一和升华。

“创造”是人类区别于其他动物的本质，它的特征在于统一现有的各种信息和因素，有目的地、有计划地完成质的飞跃。设计作为协调诸多因素的人类改造自然和自身的行为，其内在动力就是创造。“合理的生存方式”界定了设计创造的目的和原则。

“合理”是创造的审美标准，是评价“生存方式”美与不美的原则。合理中融合了主客观的统一，融合了真与善的协调。

“合理的生存方式”是一个动态的变量体系。各个时代不同的社会状况和审美标准等诸多因素，决定了它的不同。设计应创造更合理的生存方式。“更”的概念作为对于以往存在的修正和提高，明确地表达了设计追求永无止境——“没有最好，只有更好”！由此可见，人类文明发展的无限性，从根本上决定了设计目的的相对性和有限性，决定了“合理的生存方式”所具有的一定时空的局限性和可变性。也正是这样，才为人类的创造活动提供了广阔的用武之地。

设计是一种文化。设计师的每一种重要设计，都对人的生活方式造成强烈的冲击，甚至改变着人们的生活方式。设计师按照人的需要、爱好和趣味设计时，仿佛在设计人自身。正如有的时装设计师所说的那样，他设计的不是女装，而是女性本人——她的外貌、姿态、情感和生活。

因此，设计师直接设计的是产品，间接设计的是人与社会。杂志上的模特或者隔壁女孩穿着的漂亮衣服，不见得适合你。李渔认为，再华丽高贵的衣服，如果“被垢蒙尘”，反而不如普通布衣美；再鲜艳夺目的服装，如果“违时失尚”，就会大失颜色。正因“人有生成之面，面有相配之衣，衣有相配之色……非衣有公私向背于其间也”。

设计的根本目的是为人服务，为人生活得更健康、更安全、更舒适。因此，设计也必须随着社会文明的发展而发展。第二次世界大战期间，美国为了帮助菲律宾人抗击日寇，运去大批高性能的枪支装备给菲律宾抵抗组织。但在交战中，菲律宾人屡战屡败。美国军方调查发现，菲律宾人四肢短小，手指够不到步枪扳扣，不能适应专为美国大兵设计的步枪，导致交战失利。再以飞机的飞行为例，第二次世界大战期间，由于飞机座舱与仪表位置设计不当，飞行员操作时常误读仪表盘，误用操纵器，命中率降低，甚至发生机毁人亡的事故。究其原因主要是这类新式武器与装备在设计中没有充分考虑使用者的生理与心理特性，设计配置不当，不能适应人的使用要求。这些惨痛教训让设计师认识到，一个好的设计，无论是高精尖产品，还是普通日常用品，只有工程技术知识是远远不够的，还必须有其他学科如生理学、心理学等知识的配合。

（三）环境设计的基本内涵

环境设计是指对于建筑室内外的空间环境，通过艺术设计的方式进行设计和整合的一门实用艺术。环境设计通过一定的组织、围合手段，对空间界面（室内外墙柱面、地面、顶棚、门窗等）进行艺术处理，运用自然光、人工照明、家具、饰物的布置、造型等设计语言，以及植物花卉、水体、建筑小品、雕塑等的配置，使建筑物的室内外空间环境体现出特定的氛围和一定的风格，来满足人们的功能使用以及视觉审美方面的需要。

现代人类所处的建筑和人造因素的环境，已经不是他们理想的生存空间的全部，人类根据自己有限的认识和需求对客观环境做一些尽可能的调整，也就是对环境的再设计，它必须以人为中心，对人、建筑、环境三者之间的关系进行科学化、艺术化以及最合适的协调。

由此可见，环境设计是指对构成人类的生存空间进行美化和系统构思的设计，是对生活和工作环境所必需的各种条件进行综合规划的过程。艺术设计是贯穿其中的全面的整体的设计，所以环境设计也称为环境艺术设计，就是用艺术的手段来优化、完善我们的生存空间。环境设计之所以存在，是因为它实现着人们对其生存条件不断改善的理想。

（四）环境设计源于人的需求

在马斯洛需求层次理论中，人的需求被由低到高依次划分为五个层次：生理需求、安全需求、社交需求、自尊需求和自我实现需求。其中，社交需求、自尊需求和自我实现需求是高层次的需求，是社会的人需要不断满足的精神需求。人在追求理想中生存，从谋生到乐生，在理性的需求得到满足后，总是向着社会文明和自我实现的更高层级迈进。

（五）环境设计是人与环境的优化、协调

建筑与环境是同步发展的，具有非常明显的时代特征。城市现代化是环境的依托和背景；现代人是环境艺术设计的主体与服务对象；现代环境则是根植于这种以人为主体的土壤中的社会文化的产物。现代社会由漫长的农业社会转向大工业社会，进而走向后工业信息社会，时代背景、社会气质、文化熏陶和生活方式都发生了质的变化。属于信息社会的当代人逐渐适应科学化、现代化、秩序化和条理化的生活环境，需求朝着多层次、多样化、个性化方向发展，生活方式从谋生型向娱乐型转换。随着交通、信息现代化程度的日益提高，神话中的“千里眼”“顺风耳”和“腾云驾雾”已经成为现实。信息社会导致了社会结构、生活结构和经济结构的急剧变化，市场经济促使人们的观念不断求新求异，人类在改造利用自然方面取得了巨大的成功。

然而，人与现代环境的接触也会产生负面影响。例如，人与人之间愈发生疏，认同感下降；交通拥挤，噪声嘈杂，工作节奏加快，易于疲劳并容易产生孤独感；人与自然被众多建筑物隔离；城市现代化带来的污染问题与小区环境的恶化问题影响着人们的安全感和稳定感。

此外，阶层距离的增大使高技术和高情感的矛盾加剧，使家庭经济结构和生活观念发生改变，往往造成人们心理上的失衡，有赖于社会与环境的调节。环境设计应跟随着时代的步伐，对现代空间不断做出协调、适应与优化处理，体现出一种动态的、多样的综合效应，并形成多种趋向。

1. 回归自然

当今时代，聚居环境的城市化和工业化日益加剧，地球上原有的生态环境被城市、工业区、高速公路侵蚀和分割，人类在享受创造带来的便利时，也受到了因与自然日益隔离而引发的伤害。面对这些，人们自然对生态环境无比眷念，特别是长期生活、工作在室内的人，更加渴望周围有着充满生机的景致。现代城市中充满人造的硬质景观，虽然拉近了人与大自然的距离，但缺乏过去与生态环境相处的那种亲密无间的关系。因此，在现代城市环境中如何通过融合、嵌入、浓缩、美化以及象征等手段，在点、线、面的空间领域引入自然、再现自然，使人们从有限的天地中领略到无限的愉悦与自由，已成为当下环境设计的大课题。

回归自然是身居闹市的人们因长期处于纷繁的环境之中而产生的一种愿望以及求异求变的心理，希望置身于村野中回避“纷繁”。这是一种心理互补的反应力，同时也是一种生物群落与环境相处取得生态平衡的需求。

综观人与自然关系的发展历程，大体经历了三个阶段：一是质朴平和的关系。漫长的农业社会岁月中无工业废物、无大气污染，称为第一生态环境中的人与自然。二是人与自然的远离。进入工业社会以后，人类从自然中分离出来并亲手毁坏了自然环境。三是处于后工业社会的当代。人们开始追求用现代手段实现高层次的人与自然和谐相处的愿望。

2. 高情感、高享受

现代社会生活到处充斥着快节奏、高效率和竞争激烈的工作环境与生活环境。虽然人们在经济上越来越富裕，但是人际关系变得越来越冷漠，所以就需要丰富的娱乐生活来补充，而环境艺术则是“补偿”这种理想精神世界的载体。人们需要在精神生活方面追求一种健康向上的、愉悦的和富有人情味的文化环境，这不仅是情感的高要求，而且也是一种调节疲劳、提高创造力、增进健康的需要。

因此，环境必须能够体现个性化、自娱性、多样化的趋向。单一的格调已经无法满足人们的需要，人们要求视觉、听觉、嗅觉、触觉的并用，身体力行，利用高科技来延伸自己的感官，增加刺激与心理感受。

二、环境设计的基本特征

（一）多功能的综合特征

对于环境设计功能的理解，人们通常仅停留在实用的层面上。但除了实用因素外，环境设计还有信息传递、审美欣赏、历史文化传播等性质。环境设计是对多功能（需求）的一种解决方式。

（二）多学科的相互交叉特征

“环境设计”长期以来就属于一个复合型的概念，较难辨析。环境艺术是一种综合的、全方位的、多元的存在，比城市规划更广泛、更具体，比建筑更深刻，比纯艺术更贴近生活，其构成因素是多方面的，也是十分复杂的。因此，一位合格的环境设计师掌握的知识应包括地理学、生物学、建筑学、城市规划学、城市设计学、园林学、环境生态学、人机工程学、环境心理学、美学、社会学、史学、考古学、宗教学、环境行为学、管理学等学科。

（三）多要素的制约和多元素的构成特征

构成室外环境及室内环境的要素很多，室外环境最主要的要素为建筑物，此外还有道路、草坪、花坛、水体、室外设施、公共艺术品等；室内环境则包括声、光、电、水、暖通、空间界面设计、装饰装修材料、家具软装等。环境设计涉及范围较广，制约要素较多。

（四）公众共同参与的特征

环境设计师设计的仅仅是一个方案，如果实施建造出来，便是一处场所；场所长期得不到使用，就成了废墟。因此，只有公众的参与才能让环境设计变得完整。

三、环境设计的基本目标

在包豪斯设计思想中有一个亮点，即设计的目的不是产品，而是人。现代设计是以“人”为中心的，是运用科学技术创造人的生活和工作所需要的物质与环境，并使人与物质、人与环境、人与社会相互协调。人具有生物性与社会性，所以“为人的设计”便拥有双重含义。这种双重属性在共同建构的整体系统中实现着微妙的平衡，而平衡过程也影响了作为群体存在的物体的风格特征。

当现代主义本着“功能第一，形式第二”的设计原则为世界创造了数以千万计的几何形的产品与建筑时，它所标榜的“国际化”和“标准化”带来的异化现象打破了人类追求物质与精神互为平衡的要求，使人们在心理上产生了排斥、抵触和失落的情绪。而人类与生俱来的对艺术、传统、装饰、民族等因素的关注，促成了一种新的观念和风格的诞生，这就是后现代主义。这既是设计自身受社会环境条件及人类精神需求的影响而产生的平衡选择，也是设计目的顺应时代要求的变化形式。

人要求通过各种形式的物质使用满足生存的需要，体现了人类认识自然、改造自然的物质生产过程以及生存方式的更新变化过程。人是现代环境设计的核心要素，当代设计的任务是考虑与人有关的一切活动，并为这些活动提供最佳的服务和条件。从这个角度来说，“为人服务”的最基本表现形式是，环境设计要适应人的生理特点，满足人的生理愿望。

因此，首先要充分考虑物质结构，处理好造型功能与人的关系，是现代环境设计的立足点。其次，人类的需求是不断发展的，“为人的设计”作为一个变化的动态体系，还存在于通过创造物质来引导需求的过程中。人类的环境需求决定着环境设计的方向，表现为回归自然、尊重文化、高享受和高情调的多样性、自娱性与个性化的趋向。营造一个从精神到物质都理想的空间是当代人新的需求，设计的过程就是满足这种需求的过程。

环境设计作为协调诸多因素的人类改造自然和自身的主动行为，其内在的驱动力就是创造。“合理的生存方式”界定了设计创造的目的和原则，使创造活动在此前提下得以实现。“合理”是创造的审美标准，是评价“生存方式”美与不美的原则。合理的概念融合了主客观的统一，融合了真与善的协调，从而达到美的境界。合理是指合乎客观规律的过程，就是美的形成过程。合理的生存方式作为设计目的的衡量原则，是一个动态的变量体系。各个时代不同的社会状况和审美标准等诸多因素决定了它的不同特征，现代设计要求创造合理的生存方式，具有进一步发展提高的意义，明确了设计目的在现阶段所追求的协调标准。

环境设计在很大程度上从设计为少数人服务的奢侈品转化为设计为大多数人服务的必需品，为人服务的设计目的表现为立足于满足绝大多数人的需求而完成设计。这种转化促进了对“人”更加深入的理解，同时也促进了环境设计的商品化趋势，从而使设计成为全人类共同享有的财富。

四、环境设计的基本内容

（一）自然环境设计

自然环境（湖泊、田野、山川、河流、土壤、植被、气候等）是大自然最珍贵的赐予，是构成城市特色的最重要要素之一，它通常是决定一座城市形象的前提。环境设计首先要在自然景观的大背景下恰当处理好土地的自然状态与人工建造物之间的关系。不同的土地自然状态会对城市的形成和发展产生非常大的影响。例如，平原地区，其景观特征为平缓广阔，城市建设受自然地形的约束较少，城市发展余地较大。在环境设计中，人们可考虑对重点地段地形、建筑群的配置等采取优化措施。例如，地形上可挖低垫高、堆土成岭等，房屋建筑上可按高、中、低进行合理配置，从而避免城市空间单调。丘陵地区地形变化较大，环境设计中务必充分利用自然地形，灵活布置城市的各种建筑设施，特别是要将山体作为城市空间的重要构成要素。河湖水域地区在环境设计中也有“文章”可做，水是最富有表现力的自然景观素材，可利用水面组成秀丽的城市景色。环境设计和具体建设中对自然要素的利用和保护要积极、务实，既要最大限度地保护好山水景观资源，又要结合实际，创造性地开发与建设自然景观和人文景观。

（二）建筑形态设计

特色鲜明的建筑是一个高品位城市的重要标志。例如，说到故宫，我们马上会想到北京；讲起古城墙，我们马上会想到西安；谈起广播电视塔，我们马上会想到上海等。城市中建筑物的体量、比例、空间、功能、造型、材料、用色等对城市空间环境具有极其重要的影响。建筑只有组成一个有机的群体，才能对城市环境建设做出贡献。

在城市规划设计中，应坚持环境设计“整体大于局部”的设计理念，注重建筑物形成与相邻建筑物之间的协调关系，其他内外空间、交通流线、人流活动和城市景观等建筑设计不应唯我独尊，而应与周边环境或街景一起共同形成整体的环境特色。从管理和控制上看，其内容应包括建筑体量、容积率、间距、外观、色彩、沿街后退红线、风格、材料质感等。无论是环境规划管控还是环境景观设计，都应坚决对建筑形态的设计鲜明地提出鼓励什么、不鼓励什么抑或反对什么。

（三）绿地系统设计

绿色是城市美的象征。城市绿地可让市民回归自然，更重要的是它还可在平衡城市生态中起到重要作用。因此，环境景观设计中，我们既要考虑此要素的美观功能，又要让它在城市生态环境保护中的作用最大化。树立大绿化思想，有限的绿地难以有效地改善气候和实现生物多样化，城市绿化不能孤立地、静止地、片面地以点论点、为绿而绿，而需要城乡统筹规划、全面控制，构建全方位的、多层次的绿化体系。坚持以人为本，广场、公园等选址不应在市区边缘或过境公路边，要靠近居民区；注重道路绿化的同时重视社区绿化；重草坪更重树木，避免市民承受暴晒之苦；重视乡土树木种植。环境设计和建设中要让绿地体贴人、关怀人、吸引人，尊重自然和科学，对大自然的一草一木慎重取舍，突出地方山水特色、植被特色。种植中应因地制宜，讲究科学。

（四）城市环境设施与建筑小品设计

城市环境设施与建筑小品虽然不是城市空间环境的决定性要素，但在空间实际使用中给人们带来的方便和影响也是不容忽视的，一处小小的点缀可以为城市环境增色，并达到意想不到的效果。环境设计千万不可忽视。第一，要将其放在城市大环境中进行整体把握，使之与城市总体风格保持一致。此外，还要将其放在所在空间的小环境下考量，使之与周边环境相协调。第二，应结合其功能和布点环境要求，在造型、色彩、比例、功能等方面科学设计，精心建设，以提高城市的文化艺术品位。建筑小品一般以亭、廊、厅、雕塑、花架、果皮箱等各种形式存在，可以单独设于空间中，又可以与建筑、百货店、电话亭一样都具有独立的功能。花台、台阶、水池、座椅、凳等环境设施既可是艺术化的建筑小品，又可以多种功能兼具。总之，城市环境设施与建筑小品既要满足人们对其装饰性、工艺性的需求，又要满足人们对其功能性、科学性的需求。

五、环境设计的类别划分

（一）室内环境设计

室内环境设计，也称室内设计，即以创新的四维空间模式进行的艺术创作，是围绕建筑物内部空间而进行的环境艺术设计。室内环境设计是根据空间使用性质和所处的环境，运用物质技术手段，创造出功能合理、舒适美观、符合人的生理和心理要求的理想场所的空间设计，旨在使人们在生活、居住、工作的室内环境空间中得到心理上、视觉上的和谐感与满足。室内环境设计的关键在于塑造室内空间的总体艺术氛围，从概念到方案，从方案到施工，从平面到空间，从装修到陈设等一系列环节，融会成一个符合现代功能和审美要求的高度统一的整体。

1. 室内环境设计的特点

室内的空间构造和环境系统，是设计功能系统的主要组成部分，建筑是构成室内空间的本体。室内环境设计是从建筑设计延伸出来的一个独立门类，是发生在建筑内部的设计与创作，始终受到建筑的制约。

因此，室内环境设计必须依据建筑物的使用性质、所处环境和相应的标准，运用物质技术手段，创造出功能合理、舒适优美、满足人们精神生活需要，又不危及生态环境的室内空间。

空间限定的基本形态有六种：一是围，创造了基本形态；二是覆盖，垂直限定高度小于限定度；三是凸起，有地面和顶部上、下凸起两种；四是与凸起相反的下凹；五是肌理，用不同材质抽象限定；六是设置，是产生视觉空间的主要形态。

在室内环境设计中，空间实体主要是建筑的界面。界面的效果由人在空间的流动中形成的不同视觉感受来体现，界面的艺术表现以人的主观时间延续来实现。

2. 室内环境设计的任务

室内环境设计的任务主要有以下三个。

第一，室内环境设计要体现“以人为中心”的设计原则，体现人体工程学的规律，满足人生活与工作和心理的需求。“满足”包含“适应”和“创造”双重含义，一种需求得到满足后，新的需求会随之产生，它需要在掌握现有需求信息的基础上对潜在需求进行合理的和科学的推断、预测，以满足潜在的需求。因此，创造需求包含丰富的可能性、可预见性、前瞻性。

第二，室内环境设计要科学地和合理地组织、分配空间，将室内环境尺度、比例导向与形态进行周密的安排，考虑空间与环境的关系。为达到建筑功能的目标，正确地使用物质要素在原始空间未经加工的自然空间和原有空间中进行领域的设置。

第三，把功能与形式很好地统一，塑造出室内空间的整体艺术氛围。在实体设计中，要从美学角度考虑地面、梁柱、门窗、家具等的布置，以及布幔、地毯、灯具、花卉植物和艺术品的陈设等问题；而在虚拟空间设计中，要精心考虑所有空间的组合以及艺术方面的效果，使室内环境既具有使用价值，同时也反映历史文脉建筑风格、环境气氛等多种效应。

（二）建筑环境设计

建筑是建筑物与构筑物的统称。建筑是人们用泥土、砖、瓦、石材、木材，以及钢筋混凝土、型材等建筑材料构成的一种供人居住和使用的空间，如住宅房屋、公共建筑、寺庙碑塔、桥梁隧道等。

1. 建筑环境设计的特点

（1）实用性和审美性

建筑环境是体现人工性特点的生活空间，它从根本上提供了人的居住、活动场所。这是最现实也是最基本的特点。人类居住、活动最具实用性的需求首先是坚固、耐用和历久弥新的，并且它紧紧联系着建筑本身的美观。现代人更需要愉悦、舒适的生活空间，它的形式美驱动的审美反应，使建筑在内外装饰、平面布局、立面安排、空间序列确立起美的形式语言，以满足人们精神上的需要。

（2）技术性

这种技术性在本质上不同于其他艺术所指的“技巧”，而是一种科学性的概念。每一个时代都是根据特定的技术水平来建筑的，科学技术的进步为建筑艺术的发展提供了可能。现代工程学已经研究出一百多年前根本无法想象的建筑方法，当今城市空间的立体化环境设计技术的崛起，明显地给建筑设计带来了一个区别于其他艺术的重要表征。

（3）建筑物与自然环境的紧密相连性

建筑物始终与一定的自然环境不可分离。建筑一经落成，就成为人类环境中的一个硬质实体，同时一定的人文景观也影响建筑风貌。任何一座建筑的设计都必须考虑到它的背景，以适应公众对整个环境评价的需求。建筑的艺术性要求建筑与周围的环境互相配合，融为一体，构成特定的以建筑为主体的艺术环境。

2. 建筑环境设计的依据

对于建筑环境设计来说，人体工程学是其主要依据。另外，家具、设备尺寸及使用它们所需活动的空间尺寸，是考虑房间内部面积的主要依据。

此外，温度、湿度、日照、雨雪、风向、风速地形、地质条件和地震烈度以及水文条件等物理数据也是设计的重要依据。

（三）城市规划设计

城市是人类物质条件发展到一定阶段的产物。现代城市规划研究城市的未来发展、城市的合理布局和城市各项工程建设的综合方案。一定时期内城市发展的蓝图，是城市管理的重要组成部分，是城市建设和管理的依据，也是城市规划、城市建设、城市运行三个阶段管理的龙头。

1. 城市规划设计的作用

城市是人类文明与文化的象征，各个时代城市规划的目的有所不同。影响城市规划设计的因素有很多，主要是经济、军事、宗教、政治、卫生、交通、美学等。古代城市规划设计多受宗教、防卫等因素的影响，现代城市规划设计则多受社会经济的影响，使城市变得愈加复杂。

因此，2015 年召开的“中央城市工作会议”指出，现代城市工作是一个系统工程，需要统筹规划、建设、管理三大环节，提高城市工作的系统性，要用科学的态度、先进的理念、专业的知识去规划、建设、管理城市。城市工作要树立系统思维，从构成城市诸多要素、结构、功能等方面入手，对事关城市发展的重大问题进行深入研究和周密部署，系统地推进各方面工作。

一般来说，城市规划体系是由城市规划的法规体系、行政体系和运行体系三个子系统组成的。城市规划的法规体系是城市规划的核心，为城市规划工作提供法律基础和依据，为城市规划的行政体系和运行体系提供法定依据和基本程序；城市规划的行政体系是指城市规划行政管理的权限分配、行政组织架构及行政过程的全部，对规划的制订和实施具有重要的作用；城市规划的运行体系是指围绕城市规划工作建立起来的工作结构体系，包括城市规划的编制和实施两部分，它们是城市规划体系的基础。

城市规划设计是城市规划运行体系的重要组成部分，是政府引导和控制未来城市发展的纲领性文件，是指导城市规划与城市建设工作开展的重要依据。具体而言，城市规划设计主要有以下三个方面的作用。

（1）发挥对城市有序发展的计划作用

城市规划从本质上讲是一种公共政策，是城市政府通过法律、规划和政策以及开发方式对城市长期建设与发展的过程所采取的行动，具有对城市开发建设导向的功能。城市规划设计作为技术蓝本，根据城市整体建设工作的总体设想和宏伟蓝图来制订和执行，并结合城市区域内的政治、经济、文化等实际情况将不同类型、不同性质、不同层面的规划决策予以协调并具体化，以有效保证城市整体建设的秩序。

（2）发挥对城市建设的调控作用

城市规划在经过相当长历史阶段的发展过程之后，通过理性主义思想在社会领域的整合，已经成为城市政府重要的宏观调控手段。对城市空间的建设和发展更是保证城市长期有效运行和获益的基础。城市规划设计是城市规划宏观调控的依据，其调控作用主要体现在以下几点。

① 对城市土地使用配置的合理利用，即对城市土地资源的配置进行直接控制，特别是对保障城市正常运转的市政基础设施和公共服务设施建设用地的需求予以保留和控制。

② 在市场经济体制下，城市的存在和运行主要依赖市场。市场不是万能的，在市场失灵的情况下，处理土地作为商品而产生的外部性问题，以实现社会公平。

③ 保证土地在社会总体利益下进行分配、利用和开发。

④ 以政府干预的方式保证土地利用符合社会公共利益的需要。

（3）发挥对城市未来空间营造的指导作用

城市规划设计的主要研究对象是以土地为载体的城市空间系统，规划设计以城市土地利用配置为核心，建立城市未来的空间结构，限定各项未来建设空间的区位和建设强度，使各类建设活动成为实现既定目标的实施环节。通过编制城市规划设计对城市未来空间营造在预设价值评判下进行制约和指导，成为实现城市永续发展的有力工具和手段。

2. 城市规划设计的内容

（1）城市总体规划

城市总体规划，是对城市各项发展建设目标的整体策划和建筑环境的整体布局。城市总体规划包括规划城市性质、人口规模和用地范围，拟定工业、文教、行政、道路、广场、交通、环境保护、园林绿地、商业服务、给水排水、电力通信等公共设施的建设规模及其标准与要求；确定城市布局和用地的配置，使之各得其所，互补发展，充分发挥综合效能。城市总体规划还应注意保护和改善城市的生态环境，防止污染和公害，保护历史文化遗产、城市传统风貌、地方特色和自然景观。

城市总体规划的中心内容是城市发展依据的论证、城市发展方向的确定、人口规模的预测、城市规划定额指标的选定、城市征地的计划、城市布局形式与功能分区的确立、城市道路系统与交通设施的规划、城市工程管线设计、城市活动及主要公共设施的位置规划、城市园林绿地系统的规划、城市防震抗灾系统的规划、市郊及旧城区改造的规划、城市开放空间规划以及近期建设及总投资估算、实施规划的步骤和措施等。另外，总体规划的内容必须附有相应的设计图纸、图表与文件资料。总体规划是一项长远的为合理开发奠定基础的系统工程。

（2）城市设计

城市设计是将城市规划设计的目标具体化，是从城市空间和环境质量等方面入手，着重打造城市视觉景观与环境，直接通过营造环节，落实空间的意向设计及景观政策。通常建筑单体构成不能全面顾及城市环境的整体层次，而城市规划又仅仅从经济区域的层面出发，将重点放在城市土地开发利用的行政性控制管理上。两者间的偏离和分化往往导致城市环境的危机，而现代的环境设计填补了这一空缺。

（3）城市详细规划设计

城市详细规划设计是根据总体规划的各项原则，对近期建设的工厂、住宅、交通设施、市政工程、公用事业、园林绿化、商业网点和其他公共设施等做具体的布置，以作为城市各项工程设计的依据，规划范围可整体、分区或分段进行。其具体内容有居住区内部的布局结构与道路系统，各单位或群体方案的确定，人口规模的估算，对原建筑的拆迁计划与安排，公共建筑、绿地和停车场的布置，各级道路断面、标志及其旁侧建筑、红线的划定，市政工程管理线、工程构筑物项目的位置及走向布置，竖向规划及综合建筑投资估算等。

3. 城市规划设计的趋向

近些年来，规划界积极响应这些国家层面的变革，无论是在法定规划层面还是在非法定规划层面，都做了积极的探讨和摸索，主要有以下几个方面。

（1）法定规划层面将乡村规划纳入编制体系

2008 版《中华人民共和国城乡规划法》将城市—乡村纳入统一规划编制体系，确定了“五级、两阶段”的城乡规划体系，即城镇体系、城市、镇、乡、村五级和总体规划、详细规划两个阶段，这是我国规划编制体系最大的变革。这将引导城乡规划从城乡统筹的视野进行探索和实践，改变过去“重城轻乡”、城乡“两张皮”的规划现象，使规划对全域进行空间管控有了法律基础。

（2）建立以空间规划为平台的规划编制理念、方法、内容

在改革规划编制体系的基础上，针对空间规划做了编制理念、方法和内容上的探索，明确了总体规划阶段的战略性目标，加强了总体规划阶段空间规划的刚性要求。例如，覆盖市域的空间规划、划定城镇空间、生态空间、农业空间、生活空间；明确城镇开发边界，实现以城镇建设用地和农村建设用地的“两图合一”为主的“两规合一”；通过划定规划目标、指标、边界刚性、分区管控的方式，明确城市总体规划的战略引领；重要专项规划简化提炼，明确刚性要求和管控内容；规划内容和要求“条文化”，内容明确，遵循可实施、可监管的基本原则。

因此，按照城乡一体化发展要求，统筹安排城市和村镇建设，统筹安排人民生活、产业发展和资源环境保护，统筹安排城乡基础设施和公共设施建设布局，努力实现城乡规划的全覆盖、各类要素的全统筹、各类规划在空间上的全协调。

（3）深化城市设计工作的管理、实施

针对目前城市空间品质不高、“千城一面”的现象，需要在规划理念和方法上不断创新，提高规划的科学性、指导性，加强城市设计，提倡城市修补，加强对城市的空间立体性、平面协调性、风貌整体性、文脉延续性等方面的规划和管控。这就为在规划的各个阶段贯穿城市设计的思想提出了具体要求。在区域层面，明确区域景观格局、自然生态环境与历史文化特色等内容；在总体规划层面，需确定城市风貌特色，优化城市形态格局。明确公共空间体系，建立城市景观框架，划定城市设计的重点地区；在重点地区层面，明确空间结构，组织公共空间，协调市政工程，提出建筑的体量、风格、色彩等方面的控制要求，作为该地区控制性详细规划编制的依据。各个空间层面的落实使城市设计能真正发挥其应有的作用，成为城市内涵发展的重要抓手，以及城市精细化管理的重要手段。

（4）加强城市空间生态化建设的研究、落实

城市双修（城市修补和城市生态修复）是国家针对城市问题提出的城市建设策略，旨在引导我国城镇化和城市空间朝着内涵集约式的方向高效发展。城市修补是对城市基础设施和公共服务设施建设滞后、空间缺乏人性化等问题进行的城市空间品质提升策略，这不仅是城市空间环境的修补，更是城市功能的修补；城市生态修复是对生态系统遭受的污染和破坏、城市公共绿地不足等问题进行的全面综合的系统工程。城市生态环境具有生态安全性和惠民性的双重要求，通过城市生态修复来改善人居环境和促进城市功能提升，促进城市与自然的有机融合。

第二节 环境设计的原则

一、场所性原则

所谓场所，是被社会活动激活并赋予了适应行为的文化含义的空间。场所和空间的不同之处在于，场所除了具有空间特征之外，还蕴含着社会价值和文化价值。我们生活、栖居于各类场所中而非单纯的空间里，一个空间只有被赋予一定的意义和秩序，才能成为一个场所。场所提供各种服务、线索并规范我们的社会行为。

一个场所除了分享一些人所共知的社会背景和引导人的共性行为外，还具有其独特性，没有相同的两个场所，即使这两个场所看上去很相似。这种独特性源自每个场所位于的不同具体位置及该场所与其他社会、空间要素的关系。尽管如此，场所与场所之间仍然在物质上和精神意义上有联系。

综上所述，场所不仅指物质实体、空间外壳这些可见的部分，而且还包括不可见的，但是确实在对人起着作用的部分，如氛围、环境等，它们是作用于人的视觉、听觉、触觉和心理、生理、物理等方面的诸多因素。一个好的物质空间是一个好的场所的基础，但并不是充分的条件，而且设计的目的不仅仅是创造一个好的物质空间，更是创造一个好的精神空间，即给人以场所感。场所感包括经验认知和情感认知。经验认知是对空间整体感、方位感、方向感、领域感的认识，是对整体形象特征的清晰把握，它包括空间道路的组织和走向、范围和主体轮廓线、建筑与空间、标志性建筑、步行空间的导向性、环境小品的细节等。情感认知是对空间美感、文化感、历史感、特色感、亲和感、归属感的认知，空间环境和形象规划设计在满足美学特征的同时，要保留历史的演变，保持自身的特色。总之，环境设计是建造场所的艺术设计。

二、地方性原则

从宏观上看，环境艺术从一个侧面反映当时、当地的物质生活和精神生活特征，铭刻着独特的历史印记。现代环境艺术更需要强调自觉地在设计中体现和强调地方特征，主动地考虑满足不同地域条件、气候特征条件下生活活动和行为模式的需要，分析具有地方性特征的价值观和审美观，积极采用当代的先进技术手段。

同时，人类社会的发展，无论是物质技术的还是精神文化的，都具有历史延续性。追随时代和尊重历史，就其社会发展的本质而言是统一的。在环境设计中，在生活居住、旅游休息和文化娱乐等类型的环境里，都有因地制宜地采取具有民族特点、地方风格、乡土风味，充分考虑历史文脉延续和发展的设计。应该指出，这里所说的历史文脉，并不能简单地只从形式、符号来理解，而是广义地涉及布局和空间组织特征，甚至涉及设计哲学、创作思想和观点等较抽象的精神层面。

三、以人为本原则

黑格尔说："艺术要服务于两个主体，一个服务于崇高的目的，一个服务于闲散的心情。"环境设计师无论是在设计开始时还是在设计的过程中，抑或在设计结束时乃至在设计的后期管理上，无不体现着以人为本的理念。在设计开始时，需要分析和考虑现状，使设计功能完整，符合要求；在设计的过程中，每个环节都需要以人的需求为原则进行设计，分析人群构成、年龄层次、文化背景等；在设计的后期管理上，维护和管理是甲方和管理人员需要关心的问题。所有这些都与设计者、使用者息息相关。

四、持续发展原则

20 世纪初，英文里 environment（环境）一词，通常用于表达自然环境和生态环境的语意，指人类及其他生物赖以生存的生物圈。自然环境的设计时常被称为环境设计，所以环境设计也因此常常被误解为生态环境设计。这种情形对新兴的环境设计专业来说是限制也是机会。一方面，作为设计学科里的一个分支，明确的定义和工作范畴是必要的；另一方面，生物、生态、环境的设计毫无疑问正在渗入所有的设计领域，并成为设计界关注的焦点。

一直以来，对环境的关注和设计被认为是环境专家和专门研究环境的设计师的事情，有的认为这需要造价昂贵的技术支持，有的认为这是一种风格而予以抗拒。事实上，可持续设计不是一种风格，不应华而不实，而是一种对设计实践系统化的管理和方法，以达到良好的环境评价标准。传统的村落依山傍水，结合利用地形地势，居民建筑对当地气候的适应，都是人类有意或无意地利用持续设计原则的范例。每一个设计师必须拥有持续设计的常识态度。

五、尺度人性化原则

现代城市中的高楼大厦、巨型多功能综合体、快速交通网，往往缺乏细部，背离人的尺度。今天我们建成的很多场所和产品并不能像它们应该做到的那样，很好地服务于使用者，使其感觉舒适。相反，在现今的建成环境里，我们总是不断地受累于超尺度、不适宜的街道景观、建筑以及交通方式等。很多人在未经过现代设计和发展的历史古城里流连忘返，就是因为古城提供了一系列我们当代设计所未能给予的质量，其中的核心便是亲切宜人的尺度。江南水乡、皖南民居和欧洲中世纪的古城如威尼斯等，是人性化的尺度在环境设计上成功的典范。同样，平易近人的街巷尺度使法国首都巴黎、瑞士首都伯尔尼在拥有现代化的同时保留了无比的魅力。

六、尊重人文历史原则

环境设计将人文、历史、风情、地域、技术等多种元素与景观环境融合。例如，在众多的城市住宅环境中，可以有当地风俗的建筑景观，可以有异域风格的建筑景观，也可以有古典风格、现代风格或田园风格的建筑景观，这种丰富的多元形态体现了更多的内涵与神韵，如典雅与古朴、简约与细致、理性与狂放。因此，只有环境设计尊重了人文历史原则，才能使城市的环境更加丰富多彩，使居民在住宅的选择上有更大的余地。

七、使用者参与和整体设计原则

（一）使用者参与

环境是为人所使用的设计。设计与使用的积极互动有助于提升环境艺术设计的质量。一方面，环境设计要创造的是一个具有吸引力的、令人舒适愉悦的场所；另一方面，使用者的参与进一步影响着环境设计和建成空间的使用。这种活动的公共性直接影响了设计师的思路和建成环境的管理使用模式。

建成环境从本质上应该提供给使用者民主的范围、最大的选择性，为使用者创造丰富的选择机会，鼓励使用者参与，这样的环境才具有活力，才能引起使用者的共鸣。因此，设计不仅是为机动车的使用者提供方便，而且也应为步行者提供适宜的场所，后者主要体现在人性化的尺度和范围上。

（二）整体设计

环境设计，尤其是城市公共环境设计，使用者应该包括各类人士、社会的各个阶层，特别应该关注长久以来被忽视的弱势群体。设计师的设计既要考虑到为正常人提供便利、舒适、体贴的室内外环境，更要考虑在这些环境中的特殊人群，如老人、儿童、残疾人士等。世界设计联盟在1995年提出“整体设计”的立场文件。整体设计包含并且扩展了这一目标。整体设计为整个人的一生设计，服务与环境相联系的所有设计原理。

八、科学、技术与艺术结合原则

环境设计的创造是一门工程技术性科学，空间组织手段的实现必须依赖技术手段，要依靠对各种材料、工艺、技术的科学运用，才能圆满地实现设计意图。这里所说的科技性特征包括结构、材料、工艺、施工、设备、光学、声学、环境保护等方面。在现代社会中，人们的居住要求越来越趋向于高档化、舒适化、快捷化、安全化，因此在居住区室外环境设计中出现了很多高新科技，如智能化的小区管理系统、电子监控系统、智能化生活服务网络系统、现代化通信技术等，而层出不穷的新材料使环境设计的内容在不断地充实和更新。

环境设计作为一门新兴的学科，是第二次世界大战后在欧美逐渐受到重视的，它是在20世纪工业与商品经济高度发展中，科学、技术和艺术相结合的产物。它一步到位地把实用功能和审美功能作为有机的整体统一了起来。环境设计是一个大的范围，综合性很强，是指环境艺术工程的空间规划、艺术构想方案的综合计划，其中包括环境与设施计划、空间与装饰计划、造型与构造计划、材料与色彩计划、采光与布光计划、使用功能与审美功能的计划等。

九、尊重民众，树立公共意识原则

环境设计的工作范畴涉及城市设计、景观和园林设计、建筑与室内环境设计的有关技术与艺术问题。环境设计师从修养上讲应该是一个“通才”，除了应具备相应专业的技能和知识（城市规划、建筑学、结构与材料等），更需要深厚的文化与艺术修养。任何一种健康的审美情趣都是建立在较完整的文化结构（文化史的知识、行为科学的知识）上的。

与设计师艺术修养密切相关的还有设计师自身的综合艺术观的培养、新的造型媒介和艺术手段的相互渗透。环境设计使各门类艺术在一个共享空间中向公众同时展现。设计师必须尊重民众，树立公共意识原则，具备与各类艺术交流沟通的能力，必须热情地介入不同的设计活动，处理有关人们的生存环境质量的优化问题。与其他艺术和设计门类相比，环境设计师更是一个系统工程的协调者。

第三节 环境设计的构成要素

一、功能要素

（一）实用功能

实用功能是环境设计目标与人的需求目标相一致的物质能量，也称物质功能。例如，在室内环境设计中的顶棚装饰，既可以采用以木质为主体加工精良的饰面，也可以采用以轻钢龙骨为主体的金属吊顶。所采用的材料多种多样，相应的装修技术要求也有所不同。把适应于某种用途的材料、技术和结构等因素选择出来，是完成实用功能的第一步。因此，实用功能作为功能要素的基本内容，是认知功能和审美功能产生的基础。

（二）认知功能

认知功能是指由建筑物的外在形式所实现的一种精神功能，通过人的各种器官接受各种信息刺激，形成整体知觉，从而产生相应的概念或表象。表象是通过空间结构框架、功能使用和具有典型特征的建筑符号所表示的内涵。因此，认知功能还需要依靠实用功能所传递的足够信息。认知功能直接影响着人对设计环境的识别和由此确定的心理定向，从而进一步影响着人对物的判断。

（三）象征功能

象征功能是认知功能体现深层心理的反映，提示这种内涵所具有的某种象征、隐喻或暗示的内容，也包含着环境设计所体现的社会意义和伦理观念，是象征符号形成和运用的结果。例如，酒店装修的品质可以反映它的档次，从一个人的衣着可以看出他的身份、地位和修养等。在设计的时候，环境设计师可以将历史、文化等人文要素注入其中，赋予环境一定的社会属性意义。

（四）审美功能

审美功能是指环境设计的构成形式所引起的人的一种美感品赏。使人对设计形式产生美的感受，是环境与人之间相互关系的高级精神功能要素。人的审美认识除来自环境设计形式产生的自然美、艺术美的直接感受外，更注重直接感官之外的深层内涵，强调意境美和韵律美。中国人尤其讲究含蓄、朦胧、虚空、模糊等，成为独特的审美理想，这些在中国古典园林设计中都有相应的反映。苏州园林设计蕴含了众多的哲学和美学思想，如道法自然、气韵生动、无中生有、形散神聚等；而西方园林设计则讲究几何关系和轴线对称，非常规整，通过有计划种植的林木和修剪植物来描绘花园的轮廓和不同的形状。由此也可以看出东西方文化的差异，对此必须采取包容的态度。

二、形式要素

（一）形态

形态是指物体的外在造型，即物体在空间中所占据的轮廓形象。自然界的一切物体都具有一定的形态特征，点、线、面、体是构成形态的基本因素。形态可以分为具象形态和抽象形态两种类型。具象形态是指实际空间中存在的各种物质形态，是可以凭感官和知觉直接接触和感知到的；而抽象形态则是经过人为的主观思考凝练而成的外在特征，人工色彩比较强。形态的创造离不开不同的材料和技术手段，并用一定的美学法则，如对比和协调、比例和尺度、变化和统一等手法。不同的材料传递给我们的感受也非常不一样，如木材通过手工加工工艺可传递给我们朴素亲切的感觉，正方体和直线构成的几何抽象形态和金属材料能够传达出环境空间冷静、理性的视觉印象。

（二）色彩

色彩是形体外形式的一个重要方面，物体的色彩来源于光的照射，由于物体性质的差异，对光的反射、吸收状况不同，相应就会产生千差万别的颜色，大体可分为无彩色系和有彩色系两大类。无彩色系是指黑色、白色、灰色；有彩色系是指红、橙、黄、绿、青、蓝、紫等颜色，它具有色相、明度、纯度三要素，这也是色彩的三属性。将三者进行科学的排列、组织，便形成了色彩体系，也称为色立体。在国际上常用的是孟塞尔色系和奥斯特瓦德色系。这个色彩体系可以帮助我们找到自己想要的颜色，提高对色彩的使用和管理的效率。色彩有温度感、距离感、重量感、尺度感这些物理属性，设计师要根据色彩对人的心理反应来进行设计。

（三）肌理

肌理是指环境设计中人对物体表面的纹理特征的感受。一般认为，肌理和质感同义。肌理是环境形象的外在形式之一,一方面作为材料的外在特征被人感知，另一方面也通过先进的工艺手法去创造新的肌理效果。根据材料性质的不同，肌理大致可以分为自然材料肌理和人工材料肌理两大类。自然材料如木材、石材、藤制品，给人以亲切的美感；人工材料如塑料、板材、金属、皮革等。肌理可以模仿自然物，也可以创造很独特的肌理美。肌理的产生离不开加工技术，不同手段的加工方法可以得到不同的肌理效果，如铝合金材料。如果采用不同的工艺，就可以产生不同的纹理。

三、经济要素

（一）经济目的

环境设计将材料、技术、人力、时间和财富结合起来，实际上是一种策划活动，最终并不是以生产出某个产品为目的，而是把生产出来的产品投入实际生活之中，服务于广大民众，迎合民众的多种需求。不单是基本生存需求，还包括多种多样的生理、心理、物质、精神方面的需求。实际上，环境设计的定义远不止于此，还应该继续拓展，还包括在不损害其他人利益、遵纪守法、可实现的条件下的理想和需求。

（二）商品属性

环境设计的成果具有商品属性，主要是指环境设计创新活动的成果以及方案具有商品属性。所有应用类的设计学科的结果都应当面向人民群众和经济市场，接受人民群众和经济市场的考验。与其他普通商品不同的是，环境设计的美学、人文关怀等特征是在此过程中的必要方法，所产生的影响才是最终的成果。

（三）生产特征

环境设计的成果具有商品属性，也是一种特殊的商品。社会生产在经济学理论中的标准含义是指人们创造物质资源的过程，或者将生产要素分解后再重组成新的生产活动，或即将投入转化为产出的活动。

第四节　环境设计的理论基础

一、技术生态学

技术生态学包括两个方面的内容：一是环境生态，二是科学技术。技术生态学要求在发展科学技术的同时密切关注生态问题，形成以生态为基础的科学技术观。

科学技术的进步直接促进了社会生产力的提高，推动了人类社会文明的进步，而且给人类的生存环境带来了前所未有的、翻天覆地的变化。就环境艺术而言，新的科学技术带动了建筑材料、建筑技术等日新月异的发展，并为环境艺术形象的创造提供了多种可能性。任何事物的发展都具有两重性，技术的进步也同样如此。科技的进步解决了人类社会发展的主要问题，但在解决问题的同时也带来了另一个问题，这就是生态的破坏。

人们要正确处理技术与人文、技术与经济、技术与社会、技术与环境等各种矛盾关系，因地制宜地确立技术和生态在环境设计中的地位，并适当地调整它们之间的关系，探索其发展趋势，积极地、有效地推进技术的发展，以求得最大的经济效益、社会效益和环境效益。

二、建筑人类学

环境设计是与社会密切相关的应用学科，它的主要代表是建筑，最集中地反映了人类在社会进展中改造世界的思想、观念、方法的转变，从而带来的文化改变。因此，在了解建筑人类学之前，我们先要了解它的先前学科——文化人类学。

文化人类学是研究社会文化现象的学科，它以事物表现的“果”为观察分析的对象，找到“果”形成的“因”，为实践工作奠定理论基础，因此文化人类学为众多应用学科提供了重要理论参考，特别在建筑的历史理论研究和建筑创作领域，为其提供新的思考维度。文化人类学是对人类传统的观念、习俗（思维方式）及其文化产品研究的学科，早期着重研究原始人类社会的状况。随着各国文化人类学研究的不断深入，它已突破了原有研究范畴，拓展到其他社会和自然科学领域，对其他学科产生了深刻的影响，建筑学便是其中之一。运用文化人类学的理论和方法，分析习俗与建筑、文化模式与建筑模式、社会构成与建筑形态之间的关系，从而说明建筑人类学的定义。

由此可见，建筑人类学就是将文化人类学的研究成果和方法应用于建筑学领域，即不仅研究建筑自身，关键在于研究建筑的社会文化背景。建筑的问题必须从文化的角度去研究，因为建筑是在文化的土壤中培养出来的，同时作为文化发展的进程，并成为文化的具体表现，建筑的建造和使用离不开人类和人类的活动。因此，应当从人的角度、从文化进化的高度来审视建筑的内在价值和意义。

三、环境行为心理学

环境行为心理学是研究环境、人类心理、人类行为关系的一个应用社会心理学领域，也被称为人类生态学或生态心理学。环境行为心理学之所以成为社会心理学的一个应用研究领域，是因为社会心理学研究的是人类在社会环境中的行为。从系统论的角度看，自然环境和社会环境是统一的，两者对行为都有重要影响。虽然人们早在很久之前就已经开始重视有关环境的研究，但是环境行为心理学作为一门学科，是20世纪60年代以后的事情了。

（一）普通心理学知识

根据“人类同构”的控制论观点，虽然人类是有生命的，而且是一种生物，但是机器是无生命的物质。从人类行为过程和机器控制行为的角度分析，人和机器包含以下基本组成部分：① 感觉器官，负责与外界沟通交流，接收或收集与完成任务有关的信息；② 中枢决策器官，从事信息的选择、处理和存储工作，通过将接收到的信息与先前存储的信息进行比较来决定动作；③ 效应器官，根据中枢决策器官的指令，执行特殊的任务。以人体为参照物来讲，这个系统包括感觉器官（眼睛、耳朵、鼻子、舌头、皮肤、内脏）、中枢神经系统（大脑、脊髓）、反射器官（腺体、肌肉、嘴巴、眉毛、手、腿等）、传入神经和传输神经。

1. 感觉

感觉，是人类认知活动的开始。通过感觉，我们能够了解到客观事物的各种属性，如物体的属性包括形状、颜色、气味、质地等。除此以外，还可以了解到身体的内部状况和变化，如饥饿、疼痛等。感觉是意识和心理活动的重要依据，也是人的大脑与外界直接联系的枢纽。感觉是客观事物的主观映像。它反映了事物的个体属性。

2. 知觉

当客观事物直接作用于人的感觉器官时，人们不仅可以反映事物的个体属性，而且还可以根据事物的各种属性，经过大脑中各器官间的协同活动，按照事物之间的联系或者关系，将它们整合成事物的整体，从而形成该事物的完整印象。这种大脑整合信息的过程就是知觉。例如，将一个橘子摆在我们面前，我们能够看到它的形状和颜色，也能闻到它的气味，大脑经过感觉将所有个体属性的信息进行综合性处理，再加上以往经验的影响，便形成了对这个橘子的整体印象。

3. 认知

认知是指获取知识的过程，主要包括知觉、想象、语言、记忆、思维等，思维是其核心。自 20 世纪 50 年代以来，一些心理学家已经意识到认知、智力或思维的重要性，甚至这些心理学家中的一些人还自成一派，瑞士儿童心理学家让·皮亚杰便是这方面的代表。在让·皮亚杰的理论中，已经存在的知识或经验被称为“图示”，人们总是习惯于使用固有的图示来解释他们所面对的新事物，并将新的信息纳入他们固有的图示中，让·皮亚杰称这一过程为“同化”。在同化过程中，现有的图式不断地被巩固和丰富，让·皮亚杰将创建新图书的过程称为“顺应”。同化是图式数量的变化，而顺应是图式质量的变化。每当人遇到新事物的时候，他总是试图将它们与原来的图示同化，并将新的事物合并到原来的图示中。如果成功了，那么他们在认识方面便会暂时得到平衡。相反，便会做出顺应，调整原来的图式或者创造一个新的图式来同化新的事物，从而在理解上达到一个新的平衡，即从较低的平衡线上升到较高的平衡线。这种发展的不断变化过程（平衡—不平衡—平衡的过程），是智慧发展的过程，也是学习或适应环境的过程。在这一过程中，我们可以看到和认识到，认知是主体与客体相互作用、相互渗透的产物。

（二）环境知觉

我们利用视觉、听觉、嗅觉、触觉和味觉等感觉来接收环境信息。透过眼睛，看到花、草、树和人，看到世界的日月更替；透过耳朵，我们可以听到各种声音，甚至噪声；透过鼻子，我们可以闻到各种天然和人造的味道；我们触摸和品尝，所有这一切都能让我们能够了解事物的属性。然而，环境是整体的，我们的感觉也是综合起作用的。看到花草树木的清新和美丽，闻到它们的自然芳香，触摸到它们柔软的茎叶，各种感官所收集到的这些不同的特征帮助我们在脑海中构建起一幅复杂绚丽的世界图画。

认知心理学认为，知觉是解释刺激信息产生组织和意义的过程，是人脑对直接影响它的客观事物的各个部分和属性的整体反映。环境知觉依赖两种信息，即环境信息和知觉者自身的经验信息。

环境知觉的过程从知觉注册开始，即先从外部世界获取信息；然后是模式识别，从外部刺激中提取广泛的特征；最后是知觉处理，即依据自身的经验对获取的外部环境信息对象间的关系进行处理。知觉和知觉者自身的经验形成知觉。例如，从水果摊上识别一个绿色苹果的过程可以解释为：在水果摊上发现各种水果信息，这就是获取信息；然后发现其中一些水果是不同的，如圆的、绿色的等，这一过程就是特征提取过程；最后，我们依据这些特性和以往的经验，确认其为青苹果。当然，这三个过程是瞬间完成的，这与人类的经验是分不开的。

1. 从目标知觉到环境知觉

知觉的研究是复杂的。传统的知觉研究认为，简单刺激下的知觉研究是理解复杂刺激下知觉的桥梁。然而，一些环境心理学家认为，模拟多种刺激或真实环境是可行的。也就是说，环境知觉研究的一个重要特征就是强调环境的真实性，这也是环境知觉研究超越传统研究的价值所在。

环境知觉在日常生活中的作用可分为两类：审美作用和功利作用。研究结果表明，人们更加关注环境的功利作用。购物中心的人们更关心折扣信息，而不是环境本身。虽然在方法上不完善，很难解释知觉过程中大量的不可控因素，但与实验室简单刺激下的知觉反应相比，人类日常生活中对知觉的探索更符合实际要求。

2. 环境知觉和评价

我们所有的经历、知觉和情感因素同时起作用。每一个环境都是同时感受到的一个特殊属性集合，它们不能分离。环境的物理特征与情感和审美评价是不可分割的。这种社会评价依赖知觉，但在复杂性和重要性方面超越了知觉。

四、环境美学

环境美学把环境科学与美结合起来，是综合生态学、心理学、社会学、建筑学等学科知识而形成的边缘学科。环境美学是伴随着人类对美的追求，伴随着人类环境的生态危机出现后人类对自己的生存环境的哲学思考而产生的。进入后工业社会和信息社会以来，人们所面临的挑战，已经不再是为了基本的生存与自然所进行的一场搏斗，而是人类为了自身更好地生存与延续并反思人为的生产过程和产品的挑战。这种挑战在设计界也同样存在，设计既给人们创造了新的环境，又破坏了既有的环境；设计既给人们带来了精神上的愉悦感，又经常是过分的奢侈品；设计既有经常性的创新与突破，但这种革命又破坏了人们所熟悉的环境和文化传统，而强加给人们所不熟悉的东西。

科技的进步推动了人类社会的发展，但同时也带来了人类文明的异化。人们生活在钢筋水泥的“丛林”里，丧失了自然的天性，然而，人们对环境的生物性适应能力是有限度的，而且是改变不了的。越是高度的文明，越是充满了各种矛盾和冲突，人们的需求也越复杂，对自身的生存环境也越来越重视。人们再也不能继续忍受那种干枯荒芜的生存空间，对自身的生存空间有了更广泛的需求。于是，人们回归自然的愿望日益强烈，现代人的怀旧情绪日益增加，使人们对自己生存的环境进行美化、再创造成为必然。并认识到既然环境是因人类的经济行为和建设活动而遭到破坏的，也必然要通过人类的经济行为和建设活动来改善与美化。环境美学的意义在于它揭示了人类的理想与愿望，这些理想与愿望作为人类生活的目标，激励着人们不断地努力和追求。

五、人体工程学

（一）人体工程学的概念

人体工程学（Human Engineering）也称人类工程学、人机工程学或工效学（Ergonomics），Ergonomics 一词来源于希腊文。

人体工程学有不同的含义。一般而言，它是指研究人的工作能力及其限度，使工作更有效地适应人的生理和心理特征的科学。国际工效学联合会（International Ergonomics Association，IEA）的会章中把工效学定义为，这门学科是研究人在工作环境中的解剖学、生理学等诸方面的因素，研究人—机器环境系统中的交互作用着的组成部分（效率、健康、安全、舒适等）在工作条件下、在家庭中、在休假的环境里，如何达到最优化的问题。

人体工程学是一门技术科学，今天的人体工程学已广泛地应用于生活环境和工作条件的改善、安全性的确保等多个领域。我们所能涉及的绝大部分设计都是以人为出发点的。任何产品的产生和室内外环境的创造都是为人所使用的，因此，从环境设计和室内环境设计的专业角度出发，我们可以把人体工程学理解为研究人与工程系统及其环境相关的科学。

（二）人体工程学的发展

人体工程学起源于欧美国家，是 20 世纪 40 年代后期发展起来的一门技术科学，早期的人体工程学主要研究人和工程机械的关系，即人—机关系。其内容有人体结构尺寸和功能尺寸，操纵装置、控制盘的视觉显示，涉及生理学、人体解剖学和人体测量学等，在第二次世界大战期间，人体工程学方面的研究已开始运用于军事科学技术，如在坦克、飞机的内舱设计中。如何使人在舱内有效地操作和战斗，并尽可能在小空间中减少疲劳感。第二次世界大战以后，各国把人体工程学的实践和研究成果广泛运用于许多领域，并于 1961 年建立了“国际工效学联合会”，美国的研究工作首先在航天技术和军事方面得到迅速发展，继而在工业产品、建筑和室内环境设计方面取得成果。从研究人—机关系，发展到研究人和环境的相互作用，即人与环境的关系，这又涉及心理学、环境心理学等。

人体工程学是在人类长期的生活实践中发展起来的。从人类文明诞生之日起，原始人用石器和木棒捕捉猎物，早期的生产工具的制造和使用，历代的各种器物、家具、建筑，都存在着人体工程学的应用问题。在漫长岁月中，特别是经过工业革命、两次世界大战及战后的大规模建设和当今的科学技术发展，人体工程学也得到了迅速发展，应用范围遍及人们的衣、食、住、行以及一切生活、生产活动之中。

人体工程学对建筑设计、环境艺术设计、室内环境设计的影响非常深远，它对提高人们的环境质量，有效地利用空间，如何使人对物（家具、设备等）获得操作简便、使用合理等方面起着不可替代的作用。人体工程学运用人体计测，生理、心理计测等手段和方法，研究人体的结构、功能、尺寸，心理、力学等方面与室内环境之间的合理协调关系，以符合人的身心活动要求，取得最佳使用效果，从而获得安全、健康、高效和舒适的目标。

第五节　环境设计的风格流派

一、风格的形成原因与特征

（一）风格的形成原因

风格是由艺术品的独特内容与形式、艺术家的个性特征与客观特征相统一而形成的。风格由作品的题材、体裁以及社会、时代等历史条件决定，其形成存在主客观原因。在主观上，艺术家由于各自的生活经历、思想观念、艺术素养、情感倾向、个性特征、审美情趣的不同，必然会在艺术创作中形成区别于其他艺术家的各种具有相对稳定性和显著特征的创作个性。艺术风格就是创作个性的自然流露和具体表现。在客观上，艺术家创作个性的形成必然要受到所属时代、社会、民族、阶级等社会历史条件的影响，艺术作品所具体表现的客观对象，所选择的题材及所从属的体裁、艺术门类，对于风格的形成也具有内在的制约作用。

具体来说，风格体现在设计艺术作品的诸要素中。它既表现为艺术家对题材选择的一贯性和独特性，对主题思想的挖掘、理解的深刻程度与独特性，也表现为对创作手法的运用、塑造形象的方式、对艺术语言的驾驭等的独创性。风格使不同的设计阶段之间建立起了有效的联系。

（二）设计风格的特征

如同艺术风格一样，设计风格也具有多样化与同一性的特征。一方面，现实世界本身就具有的多样性，艺术家各不相同的创作个性，以及艺术欣赏者审美需要的多样化，决定了艺术风格的多样性。即使是同一艺术家的作品，也并不排除具有多样风格的可能性。正是艺术风格的多样性，极大地促进了艺术的繁荣和发展。另一方面，同一艺术家的多样风格因受其创作个性的制约而在整体上呈现出一种占主导地位的风格特征。不同艺术家之间的风格区别也受到他们所共同生活的某一时代、民族、阶级的审美需要和艺术发展的制约，从而显示出风格的一致性。

一个时代的艺术呈现一个时代的艺术风格，这是由人们在一段时期内有着比较接近的审美趋向形成的。比如，中国汉代大多崇尚简洁浑厚的艺术风格，18 世纪的法国流行装饰味极强的罗可可风格等。

在造型艺术中，风格的多样性与同一性往往有着十分鲜明的表现。例如，意大利文艺复兴时期艺术的杰出创作，米开朗琪罗作品展示的雄魄，达·芬奇作品蕴含的深沉、拉斐尔作品体现的优雅各不相同；而罗马式、哥特式、文艺复兴式、巴洛克式则又分别具有各自时代的典型风格特征。汉魏六朝之画“迹简而意澹”，初盛唐之画“雄浑壮丽”，均反映了我国不同时代的艺术呈现风格。

在审美上，风格可以划分为各种类型。在艺术的发展过程中，同一类型的风格往往会形成一种艺术流派，各种艺术流派的发展、演变不仅构成了艺术的发展历程，而且也反映了各时代社会思潮和审美理想的变化。设计艺术风格的发展变化融于艺术风格的演变之中。

二、环境设计的风格流派划分

（一）现代主义

1. 抽象美学的诞生

抽象美学的诞生源于工业革命带来的巨变。工业社会以前，建筑多因袭传统式样。19 世纪以后，随着建筑创作活跃，传统的建筑观和审美观因已适应不了时代的要求，而成了建筑进一步发展的枷锁。社会进步节奏的加快和对创新的追求，促进了建筑向现代化迈进。

1851 年，“第一个现代建筑”诞生，它是采用铁架构件和玻璃装配的伦敦国际博览会水晶宫。埃菲尔铁塔，这座全部用铁构造的 328 米高的巨型结构是工程史上的奇观，是现代的美、工业化时代的美。抽象美学伴随着科学技术进步和社会发展的要求而形成，它从一开始就带有明显的开拓性。

2. 现代主义的几何抽象性

20 世纪初，随着钢筋混凝土框架结构技术的出现以及玻璃等新型材料的大量应用，现代主义的风格应运而生。它抽象、简洁，而且强调功能，追求建筑的空间感。钢结构、玻璃盒子的摩天楼将人们的艺术想象力从石砌建筑的重压下解放出来，以不可逆转的势头打破了地域和文化的限制，造就了风靡全球的“国际式”的现代风格。

这一时期，抽象艺术流派十分活跃，如立体主义、构成主义、表现主义等。抽象派艺术作品仅用线条或方块就可以创造出优美的绘画，这直接对建筑产生了影响。现代建筑的开拓者创办的包豪斯学校第一次把理性的抽象美学训练纳入教学之中。

当时现代主义大师勒·柯布西耶在建筑造型中秉承保罗·塞尚的万物之象以圆锥体、球体和立方体等简单几何体为基础的原则，把对象抽象化、几何化。他要求人们建立因工业发展而得到了解放的以“数字”秩序为基础的美学观。1928 年，他设计的萨伏伊别墅是他提出的新建筑特点的具体体现，对建立和宣传现代主义建筑风格影响很大。1930 年，由密斯·凡·德·罗设计的巴塞罗那世博会德国馆也集中表现了现代主义“少就是多”的设计原则。现代建筑造型的基本倾向是几何抽象性。在第二次世界大战前后，几何体建筑在全球的普及，标志着抽象的、唯理的美学观的确立。

3. 晚期现代主义的建筑学

晚期现代主义的建筑学是对个性与关系的探索。

现代建筑对几何性和规则性的极端化妨碍了个性和情感的表现。都市千篇一律的钢筋混凝土“森林”与闪烁的玻璃幕墙使人感到厌倦和乏味，典型“国际式风格”成为单调、冷漠的代名词。为消除现代建筑的美学疲劳感，20 世纪后半期的建筑朝着追求个性的方向发展，从多角度和不同层次突破现代建筑规则的形体空间。

晚期现代建筑造型由注重几何体的表现力转向强调个性要素，表现在如下两个方面。

① 一些建筑侧重于对形状感染力的追求，如悉尼歌剧院的造型有穿越时空的魅力，使抽象语汇的表达得以极大地扩展和升华。

② 很多建筑运用分割、切削等手法对几何体进行加工，创造非同一般的形象。华裔建筑大师贝聿铭的美国国家美术馆东馆就是这种设计的杰作。

美国“白色派”建筑师理查德·迈耶的作品把错综变化的复合作为编排空间形体的基本手段，在曲与直、空间与形体、方向与位置的变动中探索创新的途径。

（二）后现代主义

20 世纪 60 年代后期，西方一些先锋建筑师主张，建筑要有装饰，不必过于追求纯净，必须尊重环境的地域特色，以象征性、隐喻性的建筑符号取得与固有环境生态的文脉联系，这种对现代主义的反思形成了后现代主义建筑思潮。在批判现代主义教条的过程中，后现代主义建筑师确立了自己的地位。

后现代主义的建筑师并未在根本上否定抽象的意义。被认为是后现代主义化身的美国著名建筑师迈克尔·格雷夫斯设计的波特兰大厦被看作后现代主义的代表作，其建筑外观富有时代感的精美与简练，是应用抽象的美学原理处理具体形象的典范。

在后现代思想语境中，严格地说并没有什么所谓的美学，一般对美学尤其是艺术与美的本质问题的规定都应予以抛弃。由于并不存在统一的美与审美的标准，任何形式的美学及其观点对美的规定都会受到解构。曾在近代作为一门传统的哲学学科的美学，已经过时或失去意义。因为任何这样的美学，仍然是一种理性的形而上学，而且更不存在一个具有统一体系结构的美学。即使存在着不同门类艺术的相关理论，这些理论的合法性问题也仍然是无法回避的，况且对不同艺术所进行的分类与区别，也是有问题的。后现代美学不再如传统美学那样只关注古典艺术与精英文化，它开始正视通俗美学与大众艺术。其实，高雅文化与流行文化界限的消失，正是后现代文化的基本特征。在以往，由于与传统美学概念并不吻合，大众文化遭受到了人们的轻视与指责。大众文化名目下的艺术与美学，往往被视为只适合于粗俗的趣味、低下的智力与被操纵的大众。这或许在于，大众文化与通俗艺术并未如传统的美的艺术那样，激发出审美的愉悦与情感，产生的可能只是情绪与迷惘。但“在被公认为对现代主义美学的最神圣边界——自足的‘作品’与对那一作品的‘评论’之间的边界的侵犯中，后现代主义艺术的特点越来越体现在它所能提供的关于自身的批评性论述的方式中，或者说体现在它能与先进艺术理论取得和解的形式中”。在后现代美学家看来，这种指责却是不恰当的。

因为这种指责使艺术与生活完全分离开来，进而使我们与社会中的其他人相隔离。同时，通俗艺术也并非像人们所指责的那样，一味地缺乏审美的情调与积极性。例如对摇滚乐的欣赏，可以说存在着更充分的积极性，它可以使人们生机勃勃地参与到音乐的生成中去。

针对传统美学的捍卫者曾坚守的美学的纯洁性以及艺术的自律性，后现代美学家指出，艺术成为自律性的艺术，美学变为无功利的美学，这些都是在19世纪的历史进化中发生的。但艺术与美学自身的变化，是无止境的。艺术与美学的无功利性，以及其自在自足的自律性，在20世纪受到了极大的挑战。

后现代美学消解了艺术与非艺术、反艺术，以及美学与非美学、反美学之间的界限，这些界限甚至在现代美学那里还存有某些残余。发端于20世纪初的先锋派艺术与美学，属于西方现代主义，它自然也就成为后现代美学批判的对象。先锋派的艺术与美学，极力主张为艺术而艺术，强调将艺术作为目的的自律性，以及艺术自身的历史使命感，先锋派更为关注的是艺术家与社会的对抗。在后现代主义者看来，先锋派的这种自信是基于某种特权意识的，并把艺术与美看成现实生活的对立物。无疑，后现代则从根本上否定这种特权意识。先锋派美学强调语言的重要作用，因为只有语言才是能给予对话以意义的一种形式，并摆脱占统治地位的文化思潮，而后现代主义则看到了语言与意义的专制性。在反传统的同时，先锋派自己也成为新的传统，也同样遭受被解构的命运。但情况也并非如此，“后现代性最重要的思想家之一让－弗朗索瓦·利奥塔正确指出，据他的理解，这个世纪初开始的科学与艺术先锋运动，已经预示了后现代性”。

后现代美学既反对艺术和美学与生活的隔绝，也反对形式的自主意义，并致力于把艺术与美从形式的束缚中解放出来。让艺术与美从象牙塔中解放出来，强调日常生活的艺术化、审美化，以及艺术与美的生活化。古典美学与现代美学关于模仿与再现的观点，受到后现代美学的挑战与反对。因为无论是模仿，还是再现，都假设了艺术与美有一个本源性的东西，而这种对本源的预设与追求，无疑都是一种形而上学。在这里，后现代主义仍然甚至更坚决地致力于这种形而上学的解构。对不确定性的揭示、表征与追求，是后现代美学的一个根本性特征。这种不确定性体现为多元性、模糊性、断裂性等，并以此来颠覆传统艺术与美学中的确定性与等级秩序。不确定性问题的出现，并非人类认识的无能，而是艺术与美自身所体现出来的特质，以及对绝对确定性理想追求的破灭。布莱希特提出的陌生化效果理论，为后现代主义者所推崇，艺术家采用这种手法把艺术对象表现得令人感到陌生与惊奇。后现代美学中的折中主义，则力图解构统一的审美标准，倡导艺术的多元并存，并被后现代艺术家广泛地运用于艺术的各个领域。同时，后现代美学还放弃了关于艺术与美的本质等形而上学问题，也不再使用传统美学甚至现代美学中的一系列的范畴、概念，而是依凭后现代独特的话语来建构与解构。人们谈论着艺术与美，却从不轻易涉及它们的本质的问题。这些问题要么被取消，要么被替代。

另外，后现代美学还抛弃了传统美学所给定的形式美等概念，这些概念曾经是美学研究中根本性的、不可或缺的东西。后现代美学甚至拒绝使用那些被认为是现代主义作品基本的或正规的结构、文体等程式，传统美学所视为形式美的基本构成要素的东西，一律被后现代美学抛弃。后现代美学的产生，使得传统美学的合法地位受到了彻底的颠覆，即使现代美学的思想及其意义，也受到了同样的责难。后现代美学以空前的批判力度，否定、解构了现代美学思想。作为后现代文化的一个重要组成部分，后现代美学旨在向美学霸权主义发动挑战，力图取消传统美学家所人为设置的形形色色的、僵硬的界限，特别是取消美学与非美学、反美学的区别。在后现代美学家看来，传统美学所拼命维护的美学特权地位，以及人为制造的美学与非美学、反美学的区分是不合法的。对于德里达来说，不存在什么建立在真正的本体论区别之上的自然种类的区别，有的只是书写上的关于区别的游戏。后现代思想家大多否定一般意义上的美学的存在，以消解美学及其存在的合法性。由于不存在统一的美的标准，因此那些想以一种特殊的美学观点或审美经验来为美学做规定的企图已被证明是不合法的。也就是说，作为一门传统的哲学学科，美学已经过时和没有意义了，它应当将自己分解为文学理论、音乐理论、舞蹈理论等。“在后现代条件下，文化分析已经变得更加丰富多彩，而且牵涉整个艺术表现领域。”因此，美学家的职业也应随之发生变化，由一个只知一味探索美的神秘本质的艺术哲学家，变为一个文艺与文化批评方面的理论家。20世纪，后现代美学家反对美学权威的一个重要方面是，为日益崛起的通俗美学、大众艺术正名。通俗美学和大众艺术因与传统的美学概念格格不入而遭到人们的指责。因为通俗艺术并没有像传统的美的艺术那样，激发审美能动性并产生审美愉悦，而只是要求和诱发低俗的趣味和欲望。它的简单而重复性的结构只能引起一种消极的、漫不经心的参与。这种不付出努力的消极性，极易迷住那些精神沮丧、意志消沉、萎靡不振的人。

后现代美学家认为，这种对通俗艺术及其美学的指责是不正确的，其错误的主要表现：一方面，这不仅使社会中的人们相互隔离，而且也是反对人们自身的。人们不能正视提供了很多审美愉悦的东西，这既是不公正的，又是禁欲主义的表现，这可追溯到柏拉图对审美愉悦的压制。另一方面，这种对通俗艺术及其美学的指责也是不符合实际的，因为通俗艺术中并不乏审美的积极性。

（三）解构主义

1. 解构主义哲学思想

第二次世界大战后，法国的一些哲学家、思想家对传统思想的固有模式发起不断的挑战，反对西方形而上学的传统思想，进而产生出一种新的理论思潮——解构主义思潮。人们不断发现自身内心世界的想法，不想再局限在一个教条、刻板的世界里，想从根本上改变已有的生活方式。所以，解构主义其实是对传统思想固有模式本身的反对，偏向于对整体秩序的颠覆和打破，可能是打破社会秩序、打破婚姻秩序或者打破个人意识秩序等。

解构主义理论有着深刻的思想、文化和历史渊源，其理论的形成除了受到黑格尔、马克思的影响外，主要还接受了来自弗洛伊德、尼采、弗迪南·德·索绪尔和马丁·海德格尔的思想。解构主义不仅广泛影响历史学、语言学和社会学范畴，而且还涉及艺术、文学、设计和实际个体本身。通俗地说，解构就是反对传统结构或分解固有结构，消解结构的中心和本源，而结构的本质即传统文化，所以解构主义是反传统的、反结构主义的，强调的是创新。解构中心是对整个欧洲逻辑中心的解构，并奠定了一定的基础，这个思想是由亚里士多德开辟的，他提出将灵魂和物质分开，对单一元素进行碰撞、交叉、重组的内部逻辑和整体思辨的过程。思辨的过程是一种状态，或者可以说是过程哲学，存在主义恰恰强调的是过程。如果把整体分解掉，可以把整体看成一个中心、一个基本点，如果一个事物或者一种思想有多种变化的时候，原有的中心就被消解掉，那么固有的思维模式就会受到质疑，可以说是分解了传统意义上的思维方式。服装设计在结构分解的同时也可以运用服装的三要素进行分解，如款式、色彩和面料，通过解构重组的形式，对这三要素重新建立另外一种审美的标准和创新模式。

2. 解构主义与建筑的融合

建筑理论家将解构主义理论引入建筑理论中，这一理论将设计师从传统的完整性中解放出来，设计手法越来越让人耳目一新，其代表人物有彼得·艾森曼、伯纳德·屈米等。原来的理论认为，各个建筑要素要完整、有机统一，现在解构主义者却利用异质要素的并置创造了新的美学观点。解构是文化的重构者，建筑元素的交叉、叠置和碰撞成为设计整合的过程和结果，虽然形态表面似乎呈现某种无序状态，但是其内部的逻辑及思辨过程是清晰的、统一的。解构主义建筑实践过程追寻彻底打破均衡、稳定、和谐等造型原则，借助穿插、错置、叠合等手法创造出同经典建筑模式完全相反的充满矛盾、冲突、变异乃至怪诞的建筑形态。虽然表现手法以及研究的侧重点有所不同，但是建筑理论家将这些建筑师统称为“解构主义建筑师”，而这支流派也被命名为“解构主义流派”。

3. 解构主义建筑的风格演绎

20 世纪是各种风格与主义百家争鸣的时代，这一时期产生的流派比以往任何时期都多，从构成主义到表现主义，从功能主义、国际风格到新的粗野主义、后现代主义、解构主义……这些都集中反映了各种流派思潮对建筑观念的挑战和探索，如芝加哥学派、维也纳学派、未来学派、风格派、包豪斯学派等，同时也造就了一代又一代的杰出建筑师。

同时，随着现代科学技术的进步，解构哲学的发展影响建筑领域后，解构主义在建筑上的表现日趋明显。弗兰克·盖里于 1978 年设计的位于洛杉矶的私人寓所，使用了工业材料，包括金属瓦楞板、铁丝网等，色彩鲜艳，是最早的解构作品之一。

盖里的设计基本采用了解构的方式，把完整的现代主义、结构主义建筑整体破碎处理，然后重新组合，形成破碎的空间和形态。1998 年，他设计和建造完成的古根海姆博物馆，集中了他后期解构主义的思想。整个建筑采用了弯曲、扭曲、变形、有机、各种材料混合并用等手法，体积庞大，形态古怪。此外，这座建筑还采用了最昂贵的材料——钛作为中央大厅的外墙包裹材料，轻薄的钛金属在阳光下闪烁发光，而且在风中振动，具有雕塑的特征。古根海姆博物馆被评论家罗伯特·修斯称为“20 世纪最重要的两个建筑之一”。从古根海姆博物馆的夸张造型上，人们也可以感受到解构主义开始逐渐走上过于强调形式的道路。

20 世纪 80 年代，建筑理论家伯纳德·屈米，彼得·埃森曼与雅克·德里达开始接触并相互影响。屈米把德里达的解构主义理论引入建筑理论中，他认为，应该把许多存在的现代和传统的建筑因素重新构建，利用更加宽容的、自由的、多元的方式来建造新的建筑理论框架。

1982 年，法国文化和旅游部向全球设计师征集设计方案，希望建立一个不同凡响的 21 世纪的城市公园，并突破传统的庭院和公园的模式。众多当代名家如黑川纪章、迈耶、格罗夫、莫尔等都进行了方案投标的角逐，伯纳德·屈米带有结构主义色彩的方案脱颖而出，获得了巴黎“维莱特公园”的设计权。

该方案将三个自立的、有序的系统，即点、线和面系统相叠加。点系统由 10 米见方的一些方格组成，线系统是一组古典式的轴线，而面系统则是一组纯几何图形：圆形、方形和三角形。每个系统都是一个理想化结构的开始，是一个传统的、有秩序的机械装置。

藤井博已是埃森曼的追随者，也是解构大师之一，他设计的许多建筑表现了不出场的含蓄美，没有了墙和窗、切割后的面、无色彩的表面等。他借助东方园林的理论将德里达的解构理论诠释出来并别具一格，提出东方色彩的“散点透视”，用“东方园林的散逸的多重空间层次、离散状的空间片段，构筑多重迷离的解构天地”。除了上述几位解构主义设计家外，还有丹尼尔·里伯斯坎、根特·本尼尔、墨菲西斯设计集团、凯特·曼提里尼等，他们也同样为解构主义实验建筑的探索做出了杰出的贡献，解构主义建筑也正是在他们的尝试、推动下对当代建筑产生了深远的影响。

总之，当代建筑的个性及高科技、有机环保趋向越来越显著，众多建筑风格流派如高科技派、结构主义派、超现实主义派等，使城市景观及建筑格局呈现五光十色的景象。

第二章　环境设计的现状与发展

环境设计给世界城市的发展带来了巨大的变化，提高了世界各国的整体经济水平，提高了居民的生活质量，其重要性随着社会经济的发展而日益重要。然而，当前国内外城市环境设计的发展还存在许多问题，亟须进行相应的改善。本章分为世界环境设计的现状、我国环境设计的现状、环境设计的发展趋势三部分，主要包括我国环境设计的发展背景、我国环境设计的发展现状、我国环境设计发展中存在的问题、思想趋势、实践趋势、教育趋势、技术趋势等内容。

第一节　世界环境设计的现状

自 20 世纪初现代主义建筑思想体系建立以来，理性主义环境设计观的不断发展，各国经济力量的不断提高，以及对创意和设计的经济价值的深入认识，使环境设计从思想、意识到实践领域都获得了全面的发展。世界虽然经过了自 20 世纪 60 年代起风起云涌的现代主义的调整、思辨甚至叛逆的浪潮，但强烈的争论促使理性主义基础之上的成熟的设计期尽早地到来。

目前，世界环境设计除了解构主义的骚动还时而冲击着设计平稳发展的主流外，从整体上已经进入了成熟、辩证的发展新阶段。环境的功能完善、商业价值、装饰美感、符号象征等内容在成熟的发展体系内得到了全面的满足和拓展。主流的环境设计在对现代主义思辨的倡导下，给予现代主义的功能主义内涵以前所未有的丰富和提高，以提炼、充实、改良后的新现代主义为核心，形成了当代环境设计多元化稳健发展的面貌。

世界环境设计的发展在稳步提升中始终具有螺旋式上升的特点，基本上符合辩证法的“否定之否定”的规律，在反复否定的过程中向前推进。其主要表现在形式上，在“否定之否定”中得到完全和与时代相合的适应性，内涵也在“否定之否定”形式变化中受到反复的提炼和明确。

与世界环境设计的成熟面貌相符，环境设计的内容呈现日益深入的专门化和复杂化倾向。就以建筑设计为例，不仅从国家到地方的各级政府通过立法、行业规定对设计提出更严格的、全面的、细致的管理和限定，科技的进步、生活的变化也促使建筑功能包罗万象。除了建筑结构构造技术日趋精密、复杂化外，还有材料的革命性突破、建筑智能化的全面渗透，都使建筑师日益成为建筑大工程构成中的重要角色。各种专门化的建筑设计分工，不仅表现为不同种类建筑由不同的设计公司承担，建筑师各有所长，而且表现在结构工程师、材料工程师、软件工程师日益提升的重要的地位和各专门工种的复杂配合过程中。这种建筑发展的转变使 20 世纪初现代主义大师那样的全才型设计大师几乎不可能再出现，完美的环境作品不仅来自完善的专业配合和创意，而且来自某一个全能的、超乎想象的智慧。当然，环境设计并非每一环节都能像建筑业这样成熟，室内环境设计、公共环境艺术、景观设计，甚至城市规划都还在一个不断成长、磨合、变化的发展过程中，有些方面还可以说十分幼稚，但在建筑业的带动下，环境设计的整体发展呈现平稳而快速的进步状态。

世界各国环境设计的经济作用广受重视，这是一个牵涉广泛的、复杂的、庞大的经济门类，经济越发达的国家，环境设计的地位越高。而且，环境设计只有放在国家经济的背景下，才能有一个完整、清晰而明了的认识。目前，世界环境设计是以城市规划引导、建筑行业牵头的形式发展的。在建筑行业中，商业建筑、教育类建筑、医疗卫生类建筑和住宅建筑所占比例最大，分别为 14%、11.10% 和 10%，但各国又根据国家具体情况各自不同。例如美国的建筑业，教育类比例大于 10%，而住宅基本饱和，比例很小。而日本投资于文化类建筑项目的比例远大于 10%，法国则是在交通运输类建筑上开销较大，而东南亚在住宅建筑的发展上远胜其他类型。

在国际化市场和经济的作用下，先进形式和技术的相互借鉴十分频繁，这使得环境设计的主流呈现风格相似化、趋同化、国际化的主要特点。地方性、民族特色虽然也受到强调和重视，但由于现代环境功能化的要求，很难得以推广，适应性也有限。这种现状不以人的意志为转移，左右了世界环境设计的主流和发展方向。

第二节　我国环境设计的现状

近年来，随着经济的发展，人们对于生活水平要求不断提高。其中，人们对于工作、生活的空间愈加严格要求，主要体现在环境设计上。环境设计不断提高水准是人与社会共同发展的体现。环境设计已成为当今设计师的研究课题之一。做好环境设计，不仅可以在视觉上为人们带来美丽的景观盛宴，更可以为人们提供舒适便捷的生活与工作空间。当然，只有深入了解环境设计的发展趋势，才能做出优秀的环境艺术设计作品。

环境设计是一门新兴的学科，它既是建立在现代环境科学研究基础上的边缘学科，也是一门尚在发展中的学科，目前还没有形成完整的理论体系。环境设计是伴随着人们环境意识的觉醒而诞生的新兴专业。

多博说："环境艺术作为一种艺术，它比建筑艺术更巨大，比规划更广泛，比工程更富有感情。这是一种重实效的艺术，是早已被传统瞩目的艺术。环境艺术的实践与人影响其周围环境功能的能力、赋予环境视觉次序的能力，以及提高人类居住环境质量和装饰水平的能力是紧密联系在一起的。"多博对环境艺术的定义，是迄今为止最具有权威性、比较全面、比较准确的定义，有很好的参考意义。

一、我国环境设计的发展背景

我国环境艺术设计的名词，始于20世纪末期，张绮曼教授是中国环境艺术设计专业的创建人及学术带头人。其从东京艺术大学留学归来后，根据中国建设发展的需要向中华人民共和国高等教育部提出建立中国环境艺术设计专业的申请，1988年获正式批准，在中国高校专业目录中增设了"环境艺术设计专业"。同年，原中央工艺美术学院将室内环境设计专业改为环境艺术设计专业，将室内环境设计专业内容扩展至室外环境艺术设计领域。随之，全国高校纷纷设立该专业，环境艺术设计开始了快速发展。

环境艺术设计涵盖了当代几乎所有的艺术与设计，是一个艺术设计的综合系统。从狭义上讲，环境艺术设计主要是指以建筑及其内外环境为主体的空间设计。其中，建筑室外环境设计以建筑外部空间形态、绿化、水体、铺装、环境小品与设施等为设计主体，也可称为景观设计；建筑室内环境设计则以室内空间、家具、陈设、照明等为设计主体，也可称为室内环境设计。这两者是当代环境艺术设计领域发展最为迅速的两个分支。在中国，环境艺术设计主要分为两大类，室内环境艺术设计和室外环境艺术设计，但又可以细分为很多类，如城市规划、城市设计、建筑设计、室内环境设计、城雕、壁画、建筑小品等都属于环境艺术范畴。可见环境艺术设计涵盖范围之广。

二、我国环境设计的发展现状

随着改革开放形势的发展，我国城市化建设的速度和规模空前地加快、加大，环境设计与施工队伍急剧膨胀，环境艺术成为现代社会急需的学科，越来越受到社会的重视。可是目前我国环境艺术处于“正在上路”的阶段，并且“中国的现代环境艺术既不局限在建筑界的环境设计，又有别于国外的‘环境艺术’，它是包括城市规划、建筑、园林、雕塑、室内环境设计等的系统整合艺术，它蕴含着生活的丰富意义”。

因此，近年来，虽然我国有大量环境艺术的实践，但是环境艺术作为一门内涵丰富、范围如此之广的学科，还远远没有完善的学科理论建设。与此同时，这一专业设计人才的培养，又成为许多高校办学的热点。如何办好本专业、完善学科建设、培养出适应社会需要的专业人才，是教育工作者同时也是业内人士关注和思考的内容。

三、我国环境设计发展中存在的问题

近几年来，我国环境艺术处于“有行无思”“有行无业”、尚未成熟的状态。值得重视的是，由于城市公共环境艺术的特殊性，其主角是建筑，是城市空间，是构成建筑与城市空间的材料、结构骨架、立意等，所以规划师、建筑师和设计师在环境艺术设计中的主导作用就显得格外重要。而现在有些重要的环境艺术项目，因为对规划师、建筑师和设计师的作用认识不够，致使这些项目完成得不够好，这是令人遗憾的。我们应该充分重视环境艺术设计中的专业人才在城市公共环境艺术设计中的主导作用，并使其发挥重要作用。

改革开放以来，随着我国经济社会的发展，人们逐渐对所处环境开始重视，在环境设计方面的要求也就变得越来越高。我国环境设计的基本发展情况是有机遇、有挑战，虽有不足，但潜力无限。目前，我国的环境设计发展中尚存在一些有待解决的问题，主要为环境的可持续发展、以人为本以及注重历史的传承等问题，具体包括以下几个方面。

（一）环境设计中社会参与度不高

环境设计范围广泛，包含着尤其与现代人们生活密切相关的市政设施设计、广告设计、绿化设计等，绝大部分由单位承接或者由有实力的公司进行设计，对城市公众的建议和意见参考的不多，导致城市公共环境艺术设计流于形式，对社会公众的引导能力不足，不能够正确地反映出公众的审美需求。

（二）环境设计与自然之间关系的处理协调不足

中国传统园林设计举世闻名，将人与自然之间的和谐相处做到了近乎完美。然而，现代环境艺术设计在处理自然因素上缺乏对其应有的关注，或者只强调功能的叠加而忽视了自然因素的重要存在。特别是在城市环境艺术设计中，片面追求高新技术与材料，造成了巨大的资源浪费，对自然资源应用甚少，在一定程度上，使得人类与自然关系十分紧张。

（三）环境设计方法更新滞后

环境设计与时代紧密联系。在当今社会，个性特征已经成为一种显性特征，千篇一律的环境艺术设计缺乏时代气息，不能适应现代化、信息化的需要。穿梭在不同的城市，仔细观察会发现，同样的景观会出现在不同的城市当中。虽然投入了设计精力，却丧失了艺术特色。对于成功的设计方案，人们竞相学习、参照无可厚非，但是不加修改的复制，只能得到“东施效颦”的效果。

（四）城市环境管理模式落后

环境设计与城市环境管理密切相关。城市环境在一定程度上代表着城市的形象，是宣传城市的重要窗口。当前，中国城市环境管理的漏洞在于，对建筑设计、绿化实施、公共环境等的管理条块分割不明确，使得彼此之间协调困难，影响了环境设计的整体质量。

1. 环境设计方式单一

近年来，我国城市环境中广场设计简单化的大草坪设计方式，以及各种帽子工程等的设计方式的广泛应用，使得城市环境艺术设计缺乏现代艺术特色，人们频繁地对陈旧设计观念的模仿更加催化了这种设计方式，从整体上显现出设计风格相似的局面，使设计缺乏地方性和时代性风格。

2. 城市环境监管模式不合理

就目前而言，我国的城市环境主要由城市建设规划部门进行管理，市政部门管理道路交通，林业部门管理城市绿化，环境卫生部门管理环境场所的日常维护等。而这种纵向管理模式很难使公共环境设计与日常管理协调统一，从而降低了环境艺术设计的整体质量，使得城市环境设计的艺术水平较低，缺乏系统性。

3. 环境设计过程中缺乏公众参与

现阶段，我国的环境设计，无论是市政设施设计、建筑设计，还是广告设计、绿化设计，都是由私有单位或个人进行设计的，无法广泛征求城市公众的想法与建议，使得城市环境设计成为以某些人的意志为转移的产物，成为设计师展示自身个性的平台，而不能与公众的审美需求有效结合。

4. 环境设计与自然因素不够协调

我国传统园林设计一贯崇尚环境与自然的和谐，但现代环境艺术设计对此方面的关注度不够，设计师往往不能正确处理建设功能与自然之间的关系。通常而言，我国的城市环境艺术设计目前主要集中于各种高新技术和高科技材料的应用，而忽略了对自然资源的应用，不能充分结合自然功能，使得人类与自然的关系不够协调。

（五）当代城市环境设计欠缺美感

随着社会生活品质的提高，人们对城市环境设计的追求以及讨论度日渐提升，但当前我国城市的设计存在无序、凌乱而欠缺城市主体的特色，作为环境空间设计应用最广泛的主体，城市环境设计前景模糊不清，未能彰显不同城市的各种艺术特色。

1. 城市建筑群千篇一律

城市建筑缺乏个人风格的设计，即使是当前的一线城市、新一线城市，也逐渐变成风格相似的城市商圈建筑群。然而，城市缺乏个性化标签就会导致建筑沦为一个功能载体，而无法使城市的历史、社会风情与风俗习惯等审美元素通过城市建筑来延续，也往往使得越来越多的游客对城市旅行体验无感。

2. 城市环境设计缺少艺术文明的沉淀

文化作为一座城市的时代特征，也是一座城市的内涵底蕴。文化更是容纳一座城市的精神内核。在这个多元化的社会下，人口流动频繁，而且充斥着意识思维的跳跃，当这种现实与精神层面都出现活跃流动时，城市如果欠缺长久历史的传承和坚定的人文精神底蕴的坚守，就会很难将这种活跃流动的多元文化聚集在一起，而造成的只会是冲撞，然后分散这种不断延续的恶性循环。我国当前更多的城市环境设计只是一项建筑工程，而不是将宜居的城市环境作为目标，导致城市环境欠缺艺术文明的沉淀。

3. 追求高度，不求风度雅致的大厦建筑

目前，随着社会经济的飞速发展，各大地区与城市群的建筑正在争先恐后地拔地而起，而这些高楼建筑背后隐藏的是巨额的利益竞争，因此商业项目都以追逐利益最大化为主，而忽略了环境设计的艺术美感。然而，随着社会多元化的发展，以及更多新兴的互联网企业与创新职能的诞生，我国对商用大厦及个人品质追求的自住公寓或者住房都提出了更高的要求，欠缺个性设计风格及缺乏自然资源的高楼大厦也逐渐被社会淘汰，取而代之的是设计感更为明显，以及符合人与自然均衡分布配置的环境设计艺术成品。

4. 冷色调的镜面工程无法体现城市的真实美感

城市建筑在争取更大面积的商业价值时却衍生了很多实用性差的“花瓶”式的作品，其无法为人类提供更实用的功能建筑，而是为了争取类似公共面积等的方式来设置大量华而不实的作品来提升用地价格，追求利益最大化，但是实用功能薄弱会导致人们无法体验到这种艺术美。作为城市环境最具实力的评委，城市居民才是城市环境中最直接的使用者，对应的文娱设施、社区服务等配套设置不到位，很难让在这里生活、工作的人们真实体验城市的设计美感。

第三节　环境设计的发展趋势

一、思想趋势

（一）可持续发展的生态观

人类所面临的各种由过快发展所带来的影响，使我们的环境设计面临着严峻的考验。为此，国家提出了树立科学发展观和建立资源节约型、环境友好型社会的发展战略。

针对当前人类生存环境恶化、可利用资源进一步耗费的问题，应形成其设计理念及相应措施。环境设计在于空间功能的艺术协调，并不一定要创造凌驾于环境之上的人工自然物，重要的是其设计元素既能够满足人们的实际功能需要，又符合人们审美的精神要求，更重视人在环境中的情感调节和控制，使环境真正起到陶冶情操的作用。可持续发展观即科学发展观，是指既要满足当代人的需要，又不对后代人满足其需要的能力构成危害的发展。持续发展在设计中并不是简单的环保材料与传统材料的互换，也不是对自然的简单模仿，而是一种设计思维的转变，是对生存环境的改善和对环境合理利用的、系统的、可持续发展的具体实践。在环境设计中必须考虑生态要求和经济要求之间的平衡，合理地选择材料、结构、工艺，在使用过程中尽可能地降低能耗，不产生环境污染和毒副影响，并易于拆卸回收，也就是遵循少量化、再利用和能源再生的三个原则。

在环境艺术中尽量实施简化设计，避免设计的复杂化对资源的消耗和占用，提高资源的利用率。简化设计并不等同于简单设计，不等于放弃艺术审美的追求。因此，简化设计既节约资源，同时又满足审美和使用功能，越来越成为评价环境设计作品的重要标准。

我们应进一步加强新材料的开发与应用，使当前先进的信息、生物、纳米等高科技服务于环境设计领域。除了对传统材料和技术进行环保改造，同时也要加强对水资源、太阳能、风能的合理开发利用。在环境设计中，将持续发展观贯穿于设计的全过程中，将方案的前期规划、方案确定、施工、建成后的使用甚至停止使用后的回收过程作为一个整体的设计构思。在整个过程的每一环节，我们应把环保节能的理念放在优先的位置，处理好人工环境与自然环境的关系。

生态设计观的内涵是将生态学的原则渗透到人类的全部活动范围中，用人和自然协调发展的观点去思考和认识问题，并根据社会和自然的具体可能性，最优化地处理人和自然的关系。环境设计的生态观要做到无害化、无污染、可循环的设计原则。

工业文明所带来的人工环境是以对自然环境和资源的损耗为代价的。近几十年来，人类居住环境的恶化、资源匮乏和环境事件的频繁发生不能不引起人们的反思。

我们不仅要通过现代科学技术的手段来应对，而且还要突破技术的局限，把环境保护与建立可持续发展的生态文明放在文明转型和价值重铸的大背景中来加以思考。从世界观和价值观的高度寻找环境保护的新支点。中国在发展当代艺术设计的道路上，几年内走过了别的国家几个世纪，甚至更长时期的路，从西式古典到西方现代，从国际化思潮到地域性文化，再到当今的生态化设计。

（二）凸显本土文化特色

在经济全球化的今天，越是民族的就越是世界的，在发展经济全球化的过程中，很多城市都在追求和国际接轨，发展世界性，却往往会忽视民族性。我国的设计者为了能够快速地提高自身的设计能力，对国外的优秀设计进行积极的研究与学习，吸收国外的优秀经验，这种做法虽然具有一定的可取之处，如发展了现代化设计，但是也在学习和借鉴的过程中失去了传统。所以，我们在发展本国的环境艺术设计时，必须走出一条富有中华民族传统特色的设计之路。在坚持属于我们自己特色的同时，我们的设计水平也会更加成熟，更加具有民族性。在未来的环境艺术设计领域，民族化艺术设计会占据重要位置。

（三）人文设计观

文化是人类在社会历史发展过程中所创造的物质财富和精神财富，特别是精神财富的总和。文化具有地域性、民族性、历史性等特征，它也可以说是人们在生存过程中的一种审美需求。不同时期产生不同的审美需求，居住环境和生存环境要有一定的精神内涵和时代文化特色，这就是环境中的人文因素。工业文明所带来的现代设计使世界变得越来越相似，使文化越来越趋同。人们在不断的思索中经历了后现代主义诸多思潮与流派的冲击和洗礼，思维逐渐明晰，在传统中探寻本地与地域设计元素的道路为越来越多的设计师所青睐。一段时期以来，我们的民族图案、文字、书法、印章、绳结、剪纸、年画、脸谱等无一不被重新挖掘，并因此而造就了许多世人公认的优秀之作。民族优秀文化的继承与发扬，不应仅止于这些符号的表象，而应重在中国传统哲学中朴素而睿智的“天人合一”的宇宙观、“物我一体”的自然观、“阴阳有序”的环境观，利用博大精深的思想精华结合时代的特点和需要，来解决我们面临的环境危机。

面对民族文化、地域文化，传统文明与现代文明的冲突，在继承民族传统与西方文化冲击之间，我们有过许多的徘徊、折中，有形式、符号等元素的吸收，也有外来文化的移植、嫁接。其实，一种文明、文化要想发展，必须始终坚持以本土文化主体性为前提，在宽容、开放的同时，对外来文化加以能动的选择与消化吸收，将外来文化中适合我们当前和将来发展与进步的部分转化为自我文化肌体的有机养分。

当前，在中国五千年文化的基础上，汲取人类新的科技成果，创造解决当前人类所面临的生存危机与环境问题的新的设计文化，即和谐的、节约的、生态化的设计文化，必将成为环境设计发展的趋势。

历史文化是前人创造的，文化的生命与延续有赖于今人与后人的继续努力，我们面对不同的生存环境与危机，在不同的时代，应有相应的举措，如果不能创造新的文化，将面临发展的危机、民族的衰退。只有结合自身的地域特色、历史传统、现代科技水平及现代社会意识，才能达到创造新的民族文化以提升国家科技文化形象的目的，才能解决人类所面对的危机和挑战。

（四）绿色和谐成为发展共识

马斯洛认为，人的需求分为从低到高的五个层次，随着如生理、安全等较低层次需求的满足，人们会转而追求情感、尊重、价值等更高层次需求的满足。进入 21 世纪，人们在全球城市化进程中更加关注社会环境的发展，对自身发展的理解也更加多元化，开始重视如社会生活方式、价值观和文化理念等更高层次需求的要素。多种观念相互碰撞、相互融合形成了新的环境艺术设计理念。景观设计大师俞孔坚认为，人们对环境的需求朴素而不简单，包括呼吸到新鲜空气，喝到干净的水，渴望一片可供休憩的绿荫，追求一片具有安全感的场所和与他人畅快聊天的环境，“人们总是希望能拥有一个能升华精神而不是苟且偷安的场所”。因此，城市环境艺术设计的正确方向就是，提升人的精神品质，创造一个具有艺术性的、具有人文品质和精神追求的空间环境。

社会环境从整体上看是一个动态平衡且相对稳定的生态系统。城市的诞生始于社会的发展，城市的演化也承载着历史的更迭。随着人类社会活动与交流的发展，发生在城市身上的沧海桑田和日新月异一刻也未曾停止。城市的革新是社会变迁的外在表现形式，同时也是社会变迁的重要组成部分。当今的信息化社会改变了人们的生活方式，加快了人们的生活节奏，使消费与消耗比肩增长。曾指引我们到达今天的道路，不一定能指引我们到达未来。在这种慎思下，可持续发展的理念被提出并深入人心，它需要人们重新审视既有的发展方式，倡导城市与环境的平衡与和谐，关注人类真实的需求，合理利用自然资源。人们在当下和未来所创造的生存环境应该成为促进社会和谐、可持续发展的载体。

可持续发展理念强调，城市建设不应仅着眼于当下的社会环境条件，而应该具有大局观、生态观、动态观。要着眼于地区环境生态系统的整体发展，一个城市的小社会环境与微社会环境的建设发展必须建立在其所在的大区域环境的可持续发展的基础上，并且符合生态发展要求以及历史发展需求。对城市、乡镇、农村发展的诊断与规划，都不能头痛医头、脚痛医脚，既不能在研究城市问题时单纯考虑城市问题，也不能在研究乡村问题时只看到农村。城市发展的时空极限和发展潜力只有在更大的结构和组织优化的基础上，才能实现突破和创新。

因此，未来的城市环境艺术设计需要在更大的结构和组织上实现社会环境平衡，就要关注历史与现代的平衡、生存与发展的平衡、人工与自然的平衡以及效率与活力的平衡。在整体的维度上，综合协调处理各方面因素，实现社会整体绿色、协调、科学发展。

（五）生活理念的自然化倾向

人类的生存离不开自然环境，环境保护的核心问题是如何认识和使用有限的资源，这不仅需要技术上的创新，行为模式上的改进，更需要思想意识的深刻转变。对这一问题的担忧与关注，推动着半个世纪以来人们思想观念的极大转变。1973年，舒马赫在《小就是美》一书中提出，“在这个资源有限的星球上，人类以为自己仍可以以不断增加的发展速度进行生产、消费活动的想法是不切实际的”。2000年，任平在《时尚与冲突——城市文化结构与功能新论》中描述：“当我第一次碰到关于自然界在人类世界中的地位问题时，那时候城市还没有将自然层层包围起来，而只是局部的自然环境地区被侵蚀和破坏了……如今的美国和欧洲的土地被大面积破坏、侵蚀，原生态的自然区域大面积地减少着，这种情况不只是发生在农村，还持续发生在不断扩大的城市范围。”这种观念将环境问题一次次推到人类发展的重要议题之前，也在城市的现代化发展与环境艺术设计之间建立起紧密的联系。

随着生态理念和环保意识的增强，人们对自然的理解越来越深入，不仅包括田园诗般的家居陈设，更包含返璞归真的自然主义倾向的生活方式，人们追求天然绿色环保的材料，吃有机食品，喝低糖饮料，将自身与自然的关系由过去的开发利用转换成今天的相互依存。这种生活理念的巨大转变，也深刻体现在城市环境设计的自然化倾向之中。全球的设计师持续关注“回归自然”的设计主题，创造各种设计纹理，采用各具特色的贴近自然的设计手法和工艺，来引导人们对自然的联想。在全球范围内掀起巨大影响的北欧斯堪的纳维亚设计流派，就是在此时逐渐发展壮大的，其设计风格注重天然材料和自然色彩的使用，大量使用民间艺术手法和设计元素，在家居环境设计中创造出浓郁的田园气息。

今天的城市环境设计要在设计过程中秉承对生态环境负责的理念，坚持可持续发展原则，着力解决有关生态环境与城市建设协调发展的问题。它既要认识到并运用好设计潮流中的自然化倾向，倡导自然环保的生活方式，又要在建设中合理利用自然环境，提高城市土地利用率，增强资源的循环再利用，延长自然环境的生命周期，减少能源消耗，实现对生态环境的科学开发与保护。

二、实践趋势

（一）多方利益团体协作化

虽然目前的环境设计是以城市规划为引导、建筑行业牵头的业态形式存在的，但环境设计在实践中越来越表现出解决各方矛盾关系运作协调上的综合优势。

一个设计案例的成熟越来越依赖市场、客户、使用者三方面综合平衡的价值观。这就需要依靠市场运作的相关知识和进行市场调查、市场分析、市场营销、设计的组织管理及前期策划、中期创意、后期评价等完整的商业化运行，主导我们做出正确的、越来越理性的、冷静的决策、分析和观察，使设计专业越来越具备商业化的特性。目前，设计行业越来越频繁地和商业机构产生交流，探讨设计对未来环境所产生的影响。特别是商业空间、复合空间等综合性的项目，更需要设计师具备商业化的、市场化的、规划性的头脑和智慧。设计学科不是阳春白雪式的孤芳自赏，而是与社会、生活、生产和经济发生联系的应用型学科。环境设计不仅为城市居民改善生活品质服务，也为改善城市面貌、为城市发展提供新的机会。

社会发展的开放性特征使环境设计实践中介入了多个利益团体，它们的并存使得这一领域热闹而纷杂。政府向往着为城市做出更大的贡献；开发商追求着最大的资本剩余价值；施工方要权衡技术支出与成本；群众则期待着最大限度地提高环境质量；设计师周旋于各种团体之间，做着不同价值的取舍。不同机构对城市开发通常有不同的理解。调控的重点是公共和私人机构的平衡，这引发了私人机构行为控制或控制力度的思考，继而引发出对环境设计的目标问题：为谁的利益服务？是实现私人利益的最大化，还是维护公共整体利益？事实上，每一个机构都需要依靠其他机构来实现目标，它们的作用应该是互补的而不是对立的。从设计内部运行规律来看，它的发展趋势多为利益团体共同合作；从外部的市场需求来看，这也是信息社会不可回避的主流。

不同职能部门和机构的价值取向与运转模式说明了环境设计的多面性、多维性。在未来，它更需要各方为共同的目标配合、协作，而不只是设计师单方面努力。

（二）技术更新科技化

专业的互补与交叉主要体现为艺术性和技术性的界限越来越模糊。环境设计内在的功能要求和外在的形态变化，也让设计师与工程师之间的配合、交流更加频繁。

环境艺术在各个领域都在呼吁技术的更新和应用。室内领域在推广系统信息化，将人的一切活动所需的最佳状态数据化；建筑领域在实施智能化管理、零浪费的资源可循环设计；景观设计也在借助高科技遥感技术预测景观，甚至能帮助我们计算景观的美学价值（景观美感数量化）；等等。技术确实给人们带来了许多便利，并且在将来，人们还会更多地依靠科技进步来解决设计和生活中的诸多问题。

中国的建筑发展实践证明，设计主流建筑文化在技术观念方面的变革依赖科学技术生产力，同时也依赖对设计风格、形态的进一步认识。明白技术的含义并不是给设计对象带上高科技的帽子，也不是无缘无故地追加设计成本，而是带着根本的对设计对象的认识和相关条件的综合分析所采用的最为适合的技术手段。人类不是技术的奴隶，而是主宰技术的主体；设计结果也并不是一味地追加技术含量而忽略设计本身的价值。

另外，各种代表新技术生产力的产品、材料越来越快地更替，各种新产品的发布、宣传和交流展示成为设计师必须了解的行业内的前沿信息。

1. VR 技术的环境设计发展

（1）VR 技术与环境设计的融合

VR 技术在环境艺术的设计过程中作用巨大，必将成为人工智能的核心，引领 3D 打印技术的发展，促进 3D 全息技术的进步。综合来看，VR 技术向人们展示了环境艺术设计的内涵，能够为观众设计出新颖的作品。VR 技术的发展实现了创作方式的创新，打破了创作条件的局限，使得各个学科的内容间的关系更加密切。环境设计涉及了多个学科的内容，其研究的重点是媒体设计和视觉设计，这一研究内容与 VR 技术完全吻合。VR 技术与环境设计的融合不仅仅是时代发展的需求，也是学科内容结合的前提，其促进了学科间的知识交流。VR 技术向人们展示了新的艺术设计形式，指引着环境设计朝着科学的方向发展。VR 技术与环境设计的融合属于一种新的模式，该模式既有着标准化的设计语言，又包含了复杂的艺术思路，极具新颖性。

（2）VR 技术背景下的艺术结合

VR 技术带给环境设计的发展程度并不确定，但唯一能确定的是，其实现了艺术与技术的结合，即我们所谓的技术促进艺术发展。从此，艺术的设计不再单靠人们的思维，其还可以将技术看作艺术发展的动力。一个优秀的作品必然与历史和文化相关，既包含了艺术的美感，又体现了人文精神。VR 技术与艺术的融合使得环境设计作品更加具有艺术特色，能够从多个角度带给观众艺术的遐想。所以，我们需要在设计的过程中融入技术元素，进一步丰富作品的艺术内涵。

（3）强调人文关怀的意义

设计师总是将人文元素融入自己的作品中，其目的是让观众感受到丰富的人性文化，进而赋予作品不一样的人文精神，让观众时刻心存感恩之心。VR 技术最大的优势是视觉效果丰富，其为观众塑造了不一样的艺术情境。VR 技术并不是作品设计的灵魂，其只是一种简单的作品设计工具。在未来的时间里，人们所希望的是艺术与技术共同发展，但需要注意的是，环境设计永远无法被技术替代，人文关怀才是环境艺术设计的灵魂，人文关怀无处不在。

2. VR 技术的环境设计新要求

VR 技术在生活中的应用越来越普遍，环境设计师需要做的是分析 VR 技术的优势，进而实现 VR 技术与环境艺术设计的融合，在自己的作品中展示出艺术的时代精神。

（1）实现多元化素质的提升

时代的发展使得社会中出现了诸多新的事物，传统的理念逐渐被新的事物替代，甚至直接被颠覆。环境艺术设计师必须学会增强自我设计理念，紧跟时代发展的趋势，最大化地展示出自我的设计优势，只有如此才会设计出高质量的作品。

首先，设计师必须了解科技的发展状况，如 VR 技术；其次，分析科技发展给人们生活带来的影响，进而去学习先进的科技，掌握先进的科技；最后，利用先进的科技实现设计的完整化。现在看来，不少高校增设了环境设计培训课程，其目的是培养设计师的设计理念。当代的设计师如果只掌握一门技术，是无法设计出优秀的作品的，必须通过掌握多种技术来丰富作品的艺术内涵。

另外，诸多设计师的设计作品都存在着知识结构单一这一问题。VR 技术特有的空间处理方式实现了学科内容的交叉，进而强化了知识结构的多元化，最大化地解决了知识结构单一的问题。

（2）改善艺术与技术间的不合理关系

VR 背景下的环境艺术设计师必须从新的层面实施艺术设计。环境设计不再是简单的环境学科，其还包含了设计学科，即在技术的支持下进行作品的设计，实现作品功能与审美理念的结合。如果把形式美看作设计的目的，那么功能美就是设计的基础。新层面的审美理念既有功能元素又有技术元素，其实现了功能与环境的结合，真正做到了艺术角度的时代接轨。VR 技术的运用并非任意性的，其需要根据作品的需求进行调整，生硬的技术运用只会使得作品过于夸张，让观众失去观赏的兴趣。

（三）以人为本设计人性化

环境设计主要是为人服务的。环境设计包含两个重要的因素：视觉服务性和实用服务性。视觉服务性是环境设计的宗旨，实用服务性是环境设计的目的。我们应该清楚地认识到，人是环境设计成果的最终享受者，环境设计其实就是为了人类自身。设计师应当广泛了解大众对环境设计的需求与心声，创作出符合人的生理与心理的、符合物质需求与精神需求的艺术作品。这样的设计发展趋势正代表着人类在环境艺术设计上的不断进步，也代表着人类开始注重“以人为本”，更加深入了解人的本质，最终给人带来视觉上的艺术美感，让人们感受到更人性化的环境服务。

（四）质量监督制度化

设计事务是一个由理想的蓝图转化为现实世界的过程，好的设计最终需要质量的保障，好的施工是设计终端的保证。目前，大量设计机构的涌现使设计图纸与施工效果的差异现象较为普遍，确保设计意图的正确实施成为未来必须解决的问题，也是未来面向国际市场所必须面临的挑战。

除了国家出台相关的政策以外，优秀的设计集团出于职业的责任感和品牌的打造，已经能够自觉地认识到此类问题并采取越来越严密的监督制度。

在未来，随着质量监督制度化，专家认定评估将成为在实践层面上不可阻挡的趋势。

三、教育趋势

（一）专业分类细化

社会生产力和人们生活水平的提高与商业运作的介入，以及市场分工的不断细化，使得环境设计的专业指向更为细致，使人才定位也更加明确。

环境设计是边缘性、综合性很强的学科。从目前来看，入行门槛低使它容易被更广泛的人群接受，但是，入行并不代表具备了专门性。成功的设计师只有在某个更能发挥其才能的领域不断提高，才能获得在同类行业中的地位。

环境设计领域的分类细化是显而易见的。而室内环境设计中有专门做酒店、办公或家居的设计公司，甚至细化到专门从事室内的装饰陈设设计。酒店设计公司更将设计做成集前期市场调研、中期案头工作、后期用户回馈于一体的专业服务。此外，与经济发展密切相关的门类也被列入独立的研究体系中，如随着会展经济的发展而新兴的展示设计等。

环境设计的分工还渗透到各个行业之间，形成互相合作的伙伴关系。例如，在景观设计中，屋顶绿化是与园艺造景相关的土壤培植技术相结合并构成专门性很强的屋顶绿化设计。某个设计集团要想在行业内生存，必须具备在某个领域突出的专门性特征来赢得客户的信任。事实证明，越是注重专门性的设计集团或个人，越能迅速地脱颖而出。

为顺应上述时代和专业要求，设计教育作为行业领域的带头人，必须具备前瞻性的眼光，做出有预见性的准备工作。因此，现在各高校的环境设计专业都在一步步地分析并细化专业发展的方向。大部分院校都侧重于室内环境设计和室外环境设计两个专业方向，有的也把展示设计单列为一个专业方向，其目的都是从更为宏观、系统的角度强化专门性。

（二）培养复合型人才

复合型人才是时代的召唤，是时代的需求。随着社会的不断进步和发展，培养适应 21 世纪需要的复合型人才已成为众多高校的目标，这是当前和未来市场经济对高等教育提出的要求，也是教育改革的重要内容。复合型人才，即具有较强的综合能力和实践能力，既对本学科的各种专业知识全面掌握、运用自如，又对与本专业相关的其他学科知识全面了解、融会贯通的一专多能的综合型人才。教育部副部长周远清将当代人才培养目标模式概括为“基础扎实，知识面宽，能力强，素质高”。这是对 21 世纪高校人才培养目标的诠释。

如何培养适应当今社会急需的 21 世纪复合型人才，是当前环境设计专业教育亟待解决的问题。环境艺术设计是一个庞杂的系统工程，是人类生存环境从宏观到微观的整合设计。从人才培养角度分析，环境设计复合型人才首先必须要掌握本学科专业知识和技能，且能够运用自如；同时还要掌握相关的人文社会等学科知识。设计既不是纯艺术，更不是纯技术，而是多种学科高度交叉的综合型学科，是一种紧随社会发展进步的前沿艺术。

21 世纪对设计人才的要求不仅要具备宽广的知识面、深厚的文化功底和修养、不断创新的思维意识，而且还要有对新事物敏锐的、超前的感知能力。在能力的体现上已不再是单纯的“专业性”，而是具备很强的“社会性”，这种“社会性”

首先表现在设计人才与社会的沟通合作能力上。

在当今社会，设计已不再是设计师的个人行为，群体合作是现代艺术设计发展的必然趋势，与他人合作、与客户沟通是设计师的基本素质，组织协调能力是设计师重要的社会技能，成功的设计师都是成功的合作者。一方面，要想使自己的设计构想和创意思想付诸实践，除了依靠扎实的专业知识基本功以外，还要有较强的社交能力（语言表达能力、推销技巧等），以及团队的通力合作精神。另一方面，随着时代的进步，新成果、新技术层出不穷，这就要求 21 世纪的设计人才不应满足于现状，对新知识、新技术应具有强烈的求知欲望；及时了解掌握世界新的思维、新的技术、新的材料、新的工艺，并应用于设计中，如此才能跟上时代发展的步伐。

总之，21 世纪人才必须是由多种知识和能力构成的复合型人才，这种人才在知识结构上，应该具备扎实的基础知识和精深的专业知识；在能力上，应该具备理论研究能力和实践能力；在意志品质上，应该具备创新精神和求实态度。

（三）与实践相结合

环境设计的特点之一是它的实践性和创新性，必须通过工程实践才能将自己的思维物化为实际的事物，只有与实践结合才能发现和修正教学内容。因此，21 世纪的设计教育会越来越强调与实践的紧密结合。

设计结合实践可以从以下几个方面来加强。

① 教学中对动手能力的培养，这是实践的第一道门槛。

② 教学中通过工作室制度，把老师或从业设计师的设计事务引到教学中，使学生能够效仿或跟踪设计任务，从而得到真实的设计体验。

③ 开设针对性较强的专业实践课，或者直接参与实际课题，培养学生独立思考、自主获得知识的能力，培养学生的创造能力、竞争意识和团队协作观念，培养学生的社会实践能力和适应能力，并且有自己的特色定位，才会有更持久的生命力，也才会在竞争激烈的行业发展中有更好的位置。

④ 训练在社会事务中的实际操作能力，这样的训练是在社会实践中完成的，有教育方联系地方合作机构的形式，也有学生作为独立的个体直接参与到设计机构中，随机得到最实际的从业感受。

实践是理论的后续，是学生必须经历的过程，也是社会赋予教育的最现实的使命。因此，工作室制度、导师制度、课题制度纷纷引入设计的教学方式中，必定引领 21 世纪设计教育走向生机勃勃的局面。

（四）加强内外交流

21世纪，国际对话与合作成为设计行业发展的背景与方向。由于设计学科在中国真正的发展是在改革开放以后，许多领域还处于探索和学习借鉴的阶段。随着与经济社会的联系日趋紧密，国内的设计机构和从业人员增多，国内外急需交流合作的平台。

同时，中国教育领域的开放和强大的生源，也吸引着境外的设计院校积极扩大对内地的交流。不同观念的碰撞有利于办学经验、设计思维的活跃。中国良好的开放心态、求知的迫切愿望使这种教学交流渗透到各个层面：①讲座交流，相互邀请专家、学者进行访问；②课题互换，由不同教师指导学生完成共同的课题，达到活跃教学思维的目的；③引进课程，由相关专家带专题进入课堂或当地办学机构，学习并延续其思想和课题等。

虽然交流的方式和深度多种多样，但所有的师生都有一个共识：设计不能是一潭死水，应该大胆地走出去、引进来，环境设计教育必将走向更为开放、活跃的未来。

（五）“开放型”办学之路

“开放型”就是将学校的教学、科研、设计活动与社会、市场和生产紧密联系在一起，使教育和社会实践及时能动地交流，促进学校的教学活动社会化、科研设计市场化、学校交流国际化，形成学校设计教育与社会和经济更加紧密的依赖及促进关系。“开放型”环境设计教育模式具体的做法不是单一的，而应视本区域、本院校、本专业的具体情况和需要进行各种选择与实验，因地制宜，不拘一格，形成各自的特色。“开放型”不能理解为一种形式或方法，而是一种观念和能力，是一种开放的观念和开放的活动能力。无论是学生还是教师，都应具备这种观念和能力。只有这样，才能利用各种形式和方法，融会发展本领域人类智慧的最新成果，才能处于社会潮流的前列，成为促使社会前进的重要推动力。

1. 开放型环境艺术设计教育的特点

开放型环境艺术设计教育能及时接收社会信息，并迅速且直接地掌握社会、生产和科学技术发展的脉搏。“开放型”环境艺术设计教育不但有利于学生扩大知识面，而且有利于学生发挥自主性，有选择地、能动地吸收知识，强化自学能力。“开放型”环境艺术设计教育有利于提高学生的适应能力、应变能力和动手能力，特别是能够提高在实践工作中解决实际问题的能力，而且能在社会实践中检验课堂学习效果，使课堂知识与来自社会、生产和市场知识相结合，使学生提前与社会接轨；有利于教师吸收、融会、发展世界上环境设计领域与相关领域的最新知识和成果，不断丰富、充实、更新环境设计教学内容，有利于发现新课题，研究新领域，开设新课程。能够使教育与社会之间形成相互交流、补充、协调和促进的关系，提高环境设计教育适应社会和经济发展的能力，符合教育向社会化发展的要求；有利于教学成果、科研成果和设计成果直接商品化，及时转变为生产力，进而产生社会和经济效益，使设计教育能够借助社会的力量形成自我调节、自我装备、自我完善、自我发展的学科发展方式。

2. 解决好开放型与传统封闭型设计教育的关系

传统封闭型的设计教育观念与市场消极因素的影响同时并存在市场经济条件下，环境设计教育要向“开放型”转变，不可避免地要介入市场，必然要考虑经济利益的目标。但由于市场消极因素的影响，往往会出现置教学和教育发展于不顾，甚至脱离学科的内容和要求，只顾追求眼前经济利益的急功近利的短期行为。对此，一方面，绝不能因噎废食地否定“开放型”办学的方向，而屈从于旧观念的束缚。另一方面，要在实践中不断认识教育规律与市场规律的关系，处理好教育的长期目标与市场的短期效益之间的矛盾，化市场消极因素为积极因素，探索设计教育在市场经济条件下“开放型”的办学规律，这也是我国教育需要解决的问题。

3. 着眼于世界的开放型办学之路

现代社会，科学技术和文化艺术是没有国界的，特别是处于现代信息社会中，世界各国及时迅捷地交流，使各个领域发生着日新月异的变化，世界设计教育也在这个大交流中得到了空前的进步和发展。我国的环境设计教育必须面向世界，进一步强化开放的意识，提高开放的活动能力，迎接新技术革命的挑战，不断研究掌握新的交流手段和方法，形成着眼于世界的“开放型”大交流的办学环境，使我国的环境设计教育全面加入世界性的大交流中去，以逐步缩小差距，尽快赶上并超过世界先进的设计教育发展水平，力争达到世界一流教育水平。

四、技术趋势

随着时代的发展和科技的进步，环境艺术设计作为一门综合性非常强并且与我们生活息息相关的专业学科，一直深受社会各界人士的关注。环境艺术设计不仅涉及室内外环境设计、建筑设计、景观设计和规划设计，而且还包括在人体工程学、心理学、美学、模型制作和建筑结构工程等许多领域拥有专业知识。因此，新材料技术的出现和转化将带来环境艺术设计的巨大变革。

（一）3D 打印技术的材料

3D 打印技术是一种快速成型的技术，它可以有效地减少各种材料的构造、建模和处理新物体的时间。目前的 3D 打印技术非常成熟，这将是房屋建造的革命性改变。“油墨”就是打印所需的材料，它们不仅环保性能高且能循环使用，并且在环境艺术设计中的运用已有成功的案例。

3D 打印房屋的概念最初由英国伦敦的 Softkill Design 建筑设计工作室于 2013 年建立的。2016 年 5 月 25 日，世界上第一个使用 3D 打印技术建造的办公室在迪拜揭幕。阿联酋内阁部长穆罕默德·阿尔·格加维说：“这是全球首座 3D 打印建筑物。这不仅仅是一座建筑，也是一个功能齐全的办公室和设备。我们认为这只是开始，世界将开始改变。”目前，3D 打印技术在环境艺术设计领域得到了进一步发展。苏州工业园区的大型别墅创造了世界上第一个内置 3D 打印记录，还有全球首栋 3D 高层居住楼。除此之外，还有一个中式庭院，两个“中国庭院”，与苏州的古建筑一样美丽。这是盈创首款 3D 打印 6 层，1100 平方米别墅之后的又一力作。这些案例的成功离不开 3D 打印技术的成熟及其材料的发展。随着技术的发展，3D 打印材料将不断完善和提高，3D 打印技术将改变传统的设计行业。

（二）坂茂的纸建筑

生活中对“纸”的使用无外乎写字以及清洁工具，但平凡的纸在日本建筑设计师坂茂手中又变成一种建筑材料，并且他用 30 余年的实践向世人证明他的纸建筑不仅防水防火，甚至比钢筋混凝土的房子还要坚固。作为一位实践人道主义的建筑设计师，他在过去的几年中，多次在世界各地的灾难现场为灾民建立一座又一座的栖息之所。无论是汶川大地震，还是南亚海啸受灾渔村，都有他与他的纸建筑的身影。

坂茂是 2014 年普利兹克建筑奖的获奖者，他的这些作品不仅在传统工艺中独树一帜，而且在建筑与环保相结合方面也具有无限可能。与其说他是在另辟蹊径，不如说，他是在不断挑战材质及技术的革新。

（三）烟头制造的高效砖

一个人的垃圾有可能就是另外一个人的建筑材料。处理烟卷废物是目前世界上最困难的环境问题之一了，每年有数百万吨含有砷、有毒的卷烟，如铬、镍等金属被排放到下水道和受土壤污染的生态系统中。幸运的是，人们很快意识到了这个问题，来自皇家墨尔本理工学院的一批研究人员意识到这个污染问题的严重性，并将这个被誉为“世界上最顽固的污染物”回收利用起来，创造了一种异于以往传统的黏土砖的新型砖材料。研究团队发现，在烧制黏土砖时，只有1%的砖材料需要烧制烟草废物可以完全抵消世界各地吸烟者引起的“烟酰胺”。同时，添加烟头生产的砖比普通砖更轻，质量更高。

第三章　现代环境设计的影响因素

环境设计是当前城市绿化建设中的一项重要工作，旨在通过一系列科学、合理的设计方案的有效实施，改善当前的城市环境，为城市居民营造一个良好的生活空间，同时也为城市的建设与发展目标的实现奠定基础。在环境设计中，很多因素都有可能对环境设计效果产生影响。本章分为环境设计的思维因素、环境设计的主客体因素、环境设计的空间影响因素三部分，主要包括环境设计的思维类型、环境设计思维的应用、环境设计师的职责及素养、环境设计的材料等内容。

第一节　环境设计的思维因素

一、环境设计的思维类型

环境设计的过程与结果是通过人的思维来实现的。思维的模式与人脑的生理构成有着直接的联系，环境设计在所有设计门类中综合性较强，因此它的思维模式显然具有自身鲜明的特征，正是这种思维特征构成了环境设计程序的特有规律。

（一）逻辑思维

逻辑思维，也称为抽象思维，是在认识活动中运用概念、判断、推理等思维形式来对客观现实进行的一种概括性反映。平常所说的思维、思维能力，主要就是指这种思维，它是为人类所专有的一种最普遍的思维类型。逻辑思维的基本形式是概念、判断与推理。逻辑思维发现和纠正谬误，有助于我们正确认识客观事物，更好地学习知识和准确表达设计理念。

艺术设计、环境艺术设计是艺术与科学的统一和结合。因此，必然要依靠抽象思维来进行工作，它也是设计中最为基本和普遍运用的一种思维方式。

（二）形象思维

形象思维，也称“艺术思维”，是艺术创作过程中对大量表象进行高度的分析、综合、抽象、概括，形成典型性形象的过程，是在对设计形象的客观性认识基础上，结合主观的认识和情感进行识别，所采用一定的形式、手段和工具创造与描述的设计形象，包括艺术形象和技术形象的一种基本的思维形式。

形象思维具有形象性、想象性、非逻辑性等特征。形象性说明该思维所反映的对象是事物的形象；想象性是思维主体运用已有的形象变化为新形象的过程；非逻辑性就是指思维加工过程中掺杂个人情感成分较多。在许多情况下，设计需要对设计对象的特质或属性进行分析、综合、比较，而提取其一般特性或本质属性，然后再将其注入设计作品中。

环境艺术设计是以环境的空间形态、色彩等为目的，综合考虑功能和平衡技术等方面因素的创造性计划工作，属于艺术的范畴和领域。所以，环境艺术设计中的形象思维也是至关重要的思维方式。

（三）灵感思维

“灵感”源于设计者知识和经验的积累，是显意识和潜意识通融交互的结果。灵感的出现需要具备以下几个条件。

① 对一个问题进行长时间的思考。

② 能对各种想法、记忆、思路进行重新整合。

③ 保持高度的专注力。

④ 精神处于高度兴奋状态。

环境设计创造中灵感思维常带有创造性，能突破常规，带来新的从未有过的思路和想法，与创造性思维有着相当紧密的联系。

（四）创造性思维

创造性思维是指打破常规、具有开拓性的思维形式。创造性思维是对各种思维形式的综合和运用。创造性思维的目的是对某一个问题或在某一个领域提出新的方法、建立新的理论，或艺术中呈现新的形式等。这种“新”是对以往的思维和认识的突破，是本质的变革。

创造性思维是在各种思维的基础上，将各方面的知识、信息、材料加以整理、分析，并且从不同的思维角度、方位、层次去思考，提出问题，对各种事物的本质的异同、联系等方面展开丰富的想象，最终产生一个全新的结果。创造性思维有三个基本要素：发散性、收敛性和创造性。

（五）模糊思维

模糊思维是指运用不确定的模糊概念，实行模糊识别及模糊控制，从而形成有价值的思维结果。模糊理论是由数学领域发展而来的。世界的一些事物之间，很难有一个确定的分界线，如脊椎动物与非脊椎动物、生物与非生物之间就找不到一个确切的界线。客观事物是普遍联系、相互渗透的，并且是不断变化与运动着的。一个事物与另一事物之间虽有质的差异，但在一定条件下可以相互转化，事物之间只有相对稳定而无绝对固定的边界。一切事物既有明晰性，又有模糊性；既有确定性，又有不确定性。

模糊理论对环境艺术设计具有很实际的指导意义。环境的信息表达常常具有不确定性，这绝对不是设计师表达不清，而是一种艺术的手法（含蓄、使人联想、回味都需要一定的模糊手法，产生“非此非彼”的效果）。同一个艺术对象，对不同的人会产生不同的理解和认识，这就是艺术的特点。如果能充分理解和掌握这种模糊性的本质和规律，必将有助于环境艺术的创造。

（六）对比与优选思维

对比是优选的前提，没有对比就无选择可言。选择是对纷繁的客观环境进行对比、提炼、优化，合理的选择是任何科学决策的基础。选择的失误往往会导致失败的结果。人脑最基本的活动体现为选择的思维，这种选择的思维活动渗透于人类生活的各种层面。人的行走坐卧、穿衣吃饭等各种行为，无不体现为大脑受外界信号刺激形成的选择。人的学习、劳动、经商、科研等社会行为，无一不是经历各种选择考验的。选择是通过不同客观事物优劣的对比来实现的。这种对比优选的思维过程成为判断客观事物的基本思维模式，这种思维模式的依据是因对象的不同而呈现出不同的思维参照系数。

就环境艺术设计而言，选择的思维过程体现为多元图形的对比、优选，可以说，对比、优选的思维过程是建立在综合多元思维渠道以及图形分析思维方式之上的。没有前者作为基础，后者的选择结果也不可能达到最优。一般的选择思维过程是综合各类客观信息后的主观决定，通常是一个经验的逻辑推理过程，形象在这种逻辑的推理过程中显然有一定的辅助决策作用，但远不如在环境设计对比、优选的思维过程中那样重要。

在概念设计阶段，通过对多个具象图形空间形象的对比、优选来决定设计发展的方向。通过抽象几何平面图形的对比、优选决定设计的使用功能。在方案设计阶段，通过对正投影制图绘制不同平面图的对比、优选来决定最佳的功能分区。通过对不同界面围合的室内外空间透视构图的对比、优选决定最终的空间形象。在施工图设计阶段，通过对不同材料构造的对比、优选，决定合适的搭配比例与结构；通过对不同比例节点详图的对比优选决定适宜的材料截面尺度。

一个概念、一个方案的诞生，必须依靠多种形象的对比。设计师在构思阶段，不能在一张纸上用橡皮反复地涂改，而是要学会使用半透明的复制纸，不停地修改自己的想法，每一个想法都要切实地落实于纸面上，不要随意扔掉任何一张看似纷乱的草图。积累对比、优选的经验与方法，好的方案、好的形式就可能产生。

（七）表现与整合思维

设计的过程是先拟定出整体的构想，再把构想分解为各个项目计划，在项目计划中去论证和规划出可行性的方案，并通过各项目计划的实施实现设计的构想。而设计表现图是在尚未实施各项目计划时，把握项目计划可能产生的结果，去表现设计的整合效果。

表现图中不仅要严谨地把握各项目计划的特点要求，更要把握住各项目计划方向的关系和所构成的完整性和统一性结果。因此，设计表现过程中整合思维方式是十分重要的。设计表现图中的整合思维方法是建立在较严密的理性思维和富有联想的形象思维之上的。

设计中的各项目计划给出的界定，在表现图中是以理性思维方式去实现它的可能性的，如空间的大小、设备的位置、物体的造型、灯光设置等，都可以按照设计制图中的图示要求，运用透视作图的方法将各透视点上的内容形象化。

但是，各部分形象的衔接和相互作用只能以富有联想的形象思维的方法去实现，如空间的大小与光的强弱，物体的远近与画面层次，受光、背光的材质与色彩变化，投影的形状与位置等，都是在考虑各部分形象间的相互作用和影响所产生的整体气氛效果中形成的，这种既有理性又有想象的思维方法是设计表现图中的整合思维的核心。

设计表现图中的整合思维方法，要求在从每一个局部入手作图时，始终要顾及各局部之间的关系和这些关系所起到的相互作用。只有这样，才能较为准确地表现出设计方案的整体效果，才能使人们通过对表现图的视觉感受去体现设计方案的可行性和价值所在。

（八）图形分析思维

环境艺术思维的基本素质是对形象敏锐的观察和感受能力，这是一种感性的形象思维，更多地依赖人脑对可视形象或图形的空间想象。这种素质的培养主要依靠设计师本身去建立起科学的图形分析思维方式。

所谓图形分析思维方式，主要是指借助各种工具绘制不同类型的形象图形并对其进行设计分析的思维过程。就环境艺术任何一项专业设计的整个过程来说，几乎每一个阶段都离不开图形的表达。概念设计阶段的构思草图包括空间形象的透视立面图、功能分析的坐标线框图；方案设计阶段的图纸包括室内外设计图、园林景观设计中的平面与立面图、空间透视与轴测图；施工图设计阶段的图纸包括装饰的剖立面图、表现构造的节点详图等。由此可见，离开图纸进行设计思维几乎是不可能的。

设计者无论在设计的什么阶段，都要习惯于用笔将自己一闪即逝的想法落实于纸面上，培养图形分析思维方式的能力；而在不断的图形绘制过程中又会触发新的灵感。这是一种大脑思维“形象化”的外在延伸，完全是一种个人的辅助思维形式，优秀的设计往往就诞生在这种看似纷乱的草图当中。不少初学者喜欢用口头的方式表达自己的设计意图，这样是很难被人理解的。在环境设计领域，图形是专业沟通的最佳语汇，因此掌握图形分析思维方式是设计师的一种职业素质的体现。

实现环境艺术设计图形思维方式的途径，归纳起来有三种绘图的类型：第一类为空间实体可视形象图形，表现为速写式的空间透视草图或空间界面样式草图；第二类为抽象的几何线平面图形，主要表现为关联矩阵坐标图形、树形系统图形、圆方图形三种形式；第三类为基于几何画法之上的严谨的透视图形，表现为正投影制图、三维空间透视图形等。

二、环境设计思维的应用

环境设计的思维不是单一的方式，而是多种思维方式的整合。环境设计的多学科交叉特征必然要反映在设计的思维关系上。设计的思维除了符合思维的一般规律外，还具有它自身的一些特殊性，在设计的实践中会自然表现出来。以下结合设计来探讨一些环境设计思维的特征和实践应用的问题。

（一）形象性和逻辑性有机整合

环境设计以环境的形态创造为目的，如果没有形象，也就等于没有设计。设计依靠形象思维，但不是完全自由的思维，设计的形象思维有一定的制约性或不自由性。形象的自由创造必须建立在环境的内在结构的规律性和功能性的基础上。因此，科学思维的逻辑性以概念、归纳、推理等对形象思维进行规范。所以，在环境艺术的设计中，形象思维和抽象思维是相辅相成的，是有机地整合，是理性和感性的统一。

（二）形象思维存在于设计中

环境的形态设计，包括造型、色彩、光照等都离不开形象，这些是抽象的逻辑思维方式无法完成的。设计师从对设计进行准备起到最后设计完成的整个过程就是围绕着形象进行思考的，即使在运用逻辑思维的方式解决技术与结构等问题的同时，也是结合某种形象而进行的，不是纯粹的抽象方式。例如，在考虑设计室外座椅的结构和材料以及人在使用时的各种关系和技术问题的时候，也不会脱离对座椅的造型及与整体环境的关系等视觉形态的观照。环境设计无论在整体设计上，还是在局部的细节考虑上，在整个设计过程中，形象思维始终占据着思维的重要位置，这是设计思维的重要特征。

（三）抽象的功能和目标最终转换成可视形象

任何设计都有目标，并带有一些相关的要求和需要解决的问题，环境设计也不例外，每个项目都有确定的目标和功能。设计师在设计过程中，也会对自己提出一系列问题和要求，这时的问题和要求往往也只是概念性质，而不是具体的形象。设计师着手了解情况、分析资料，初步设定方向和目标，提出空间整体要简洁大方、高雅，体现现代风格等具体的设计目标，这些都还处于抽象概念的阶段。设计师只有在充分理解和掌握抽象概念的基础上思考用何种空间造型、何种色彩、如何相互配置时，才紧紧地依靠形象思维的方式，最终以形象来表现对于抽象概念的理解。所以，从某种意义上来说，设计过程就是一个将抽象的要求转换成一个视觉形象的过程。无论是抽象认识还是形象思考的能力，对于设计都具有极其重要的作用和意义。理解抽象思维和形象思维的关系是非常重要的。

（四）创造性是环境艺术设计的本质

设计的本质在于创造，设计的过程就是提出问题、解决问题而且是创造性地解决问题的过程，所以创造性思维在整个设计过程中总是处于活跃的状态。创造性思维是多种思维方式的综合运用，它的基本特征是独特性、多向性和跨越性。

创造性思维所采用的方法和获得的结果必定是独特的、新颖的。逻辑思维的直线性方式往往难以突破障碍，创造性思维的多方向和跨越特点却可以绕过或跳过一些问题的障碍，从各个方向、各个角度向目标集中。

（五）思维过程：整体—局部—整体

环境设计是一门造型艺术，具有造型艺术的共同特点和规律。环境设计首先是有一个整体的思考或规划，在此基础上再对各个部分或细节加以思考和处理，最后还要回到整体的统一上。

最初的整体实质上是处在模糊思维下的朦胧状态，因为这时候的形象只是一个大体的印象，缺少细节，或者说是局部与细节的不确定。在一个最初的环境设想中，空间是一个大概的形象，树木、绿地、设施的造型等都不可能是非常具体的形象，多半是带有知觉意味的“意象”，这个阶段的思考更着重于整体的结构组织和布局，以及整体形象给人的视觉反映等方面。在此阶段中，模糊思维和创造性思维是比较活跃的。随着局部的深入和细节的刻画，下一阶段应该是非常严谨的抽象思维和形象思维在共同作用，这个阶段要解决的会有许多极为具体的技术、结构以及与此相关的造型形象问题。

设计最终还要再回到整体上来，但是这时的整体形象与最初的朦胧形象有了本质的区别。这一阶段的思维是要求在理性认识的基础上的感性处理，感性对于艺术是至关重要的，而且经过理性深化了的感性形象具有更为深层的内涵和意蕴。

第二节 环境设计的主客体因素

设计师是环境设计的主体，当代环境设计师的基本素养与职业技能都是建立在环境设计师对环境、环境设计、环境设计师的概念、功能以及职责等的认识的基础上的。此外，环境设计师对各类设计材料也应该了然于胸，并能熟练运用。

一、环境设计师的素养及职责

随着社会的发展与科学技术的进步，人们对生活水平与生活质量的要求也在不断提高。因此，环境设计师肩负着处理自然环境与人工环境关系的重要职责，他们设计的蓝图深深地影响和改变着人们的生活，也体现了国家文明与进步的程度。为此，这里主要研究环境设计师的素养、环境设计师的社会责任、环境设计师的创造性能力。

（一）环境设计师的素养

1. 环境设计师的要求

虽然环境设计的内容很广，从业人员的层次和分工差别也很大，但我们必须统一并达成共识：我们到底在为社会、为国家、为人类做什么？是在现代社会光怪陆离的节奏中随波逐流，还是竖起设计师责任的大旗？设计是一个充满着各种诱惑的行业，对人们的潜意识产生着深远的影响，设计师自身的才华使得设计更充满了个人成就的满足感。但是，我们要清醒地认识到设计的意义，抛弃形式主义，抛弃虚荣，做一个对社会、国家乃至人类有真正价值和贡献的设计师。

环境设计师的要求主要体现在以下几个方面。

（1）要确立正确的设计观

环境设计师要确立正确的设计观，也就是心中要清楚设计的出发点和最终目的，以最科学合理的手段为人们创造更便捷、优越、高品质的生活环境。无论在室内还是室外，无论是有形的还是无形的，环境设计师不是盲目地建造空中楼阁，而是必须结合客观的实际情况，满足制约设计的各种条件。在现场，在与各种利益群体的交际中，在与同等案例的比较分析中，准确地诊断并发现问题，在协调各方利益群体的同时，能够因势利导地指出设计发展的方向，创造更多的设计附加值，传递给大众更先进、更合理、更科学的设计理念。人们常说设计师的眼睛能点石成金，就是要求设计师有一双发现价值的眼睛，能知道设计的核心价值，能变废为宝，而不是人云亦云。

（2）要树立科学的生态环境观念

环境设计师要树立科学的生态环境观念。这是设计师的良心，是设计的伦理。设计师有责任也有义务引导项目的投资者并与之达成共识，而不是只顾对经济利益的追逐；引导他们珍视土地与能源，树立环保意识，要尽可能地倡导经济型、节约型、可持续性的设计，而不是一味地盯在华丽的形式外表上。在资源匮乏、贫富加剧的世界环境下，这应该是设计的主流，而不是一味做所谓高端的设计产品。从包豪斯倡导的设计改变社会到为可持续发展而默默研究的设计机构，我们真的有必要从设计大师那里吸取经验和教益，理解什么是真正的设计。

（3）要具有引导大众观念的责任

环境设计师要具有引导大众观念的责任。用美的代替丑的，用真的代替假的，用善的代替恶的，这样的引导具有非常重要的价值。环境设计师要坚持这样的价值观，给群体以正确的引导。环境设计师的一句话也许会改变一条河、一块土地、一个区域的发展，由此可见这个群体何等重要。

2. 环境设计师的修养

曾有戏言说："设计师是全才和通才。"他们的大脑要有音乐家的浪漫、画家的想象，又要有数学家的严密、文学家的批判；有诗人的才情，又有思想家的谋略；能博览群书，又能躬行实践；他是理想的缔造者，又是理想的实现者。这些都说明设计师与众不同的职业特点。一个优秀的设计师或许不是"通才"，但一定要具备下面几个方面的修养。

（1）文化修养

把设计师看成"全才""通才"的一个很重要的原因是设计师的文化修养。因为环境艺术设计的属性之一就是文化属性，它要求设计师要有广博的知识面，把眼界和触觉延伸到社会、世界的各个层面，敏锐地洞察和鉴别各种文化现象、社会现象，并和本专业结合。

文化修养是设计师的"学养"，意味着设计师一生都要不断地学习、提高。特别是初学者更应该像海绵一样持之以恒，汲取知识，而不可妄想一蹴而就。设计师的能力是伴随着他知识的全面、认识的加深而日渐成熟的。

（2）道德修养

设计师不仅要有前瞻性的思想、强烈的使命意识、深厚的专业技能功底，而且还应具备全面的道德修养。道德修养包括爱国主义、义务、责任、事业、自尊和羞耻等。有时候，我们总片面地认为道德内容只是指向"为别人"，其实，加强道德修养也是为我们自己。因为高品质道德修养的成熟意味着健全的人格、人生观和世界观的成熟。在从业的过程中能以大胸襟来看待自身和现实，就不会被短见和利益得失而挟制，就不会患得患失，这样才能在职业生涯中取得真正的成功。

环境设计是如此的与生活息息相关，它需要它的创造者——设计师具备全面的修养，为环境本身，也为设计师本身。一个好的设计成果，一方面得益于设计师的聪明才智，另一方面得益于设计师对国家、社会的正确认识，得益于他健全的人格和对世界、人生的正确理解。一个在道德修养上有缺失的设计师是无法真正赢得事业的成功的，并且环境也会因此而遭殃。重视和提高设计师的自我道德修养，也是设计师职业生涯中一个重要的环节。

（3）技能修养

技能修养是指设计师不仅要具备"通才"的广度，更要具备"专才"的深度。我们可以看到，"环境艺术"作为一个专业确立的合理性，反映出综合性、整体性的特征。这个特征包含了两个方面的内容，一个是环境意识，另一个是审美意识，综合起来可以理解为一种宏观的审美把握。

除了综合技能，设计师也需要在单一技能如绘画技能、软件技能、创意理念等方面体现优势。其中，绘画技能是设计师的基本功，因为从理念草图的勾勒到施工图纸的绘制都与绘画有密切的联系。从设计绘图中，我们很容易分辨出一个设计师眼、脑、手的协调性与他的职业水准和职业操守。由于近几年软件的开发，很多学生甚至设计师认为绘画技能不重要了，认为计算机能够替代徒手绘图，这种认识是错误的。事实上，优秀的设计师历来都很重视手绘的训练和表达，从那一张张饱含创作灵感和激情的草稿中，能感受到作者力透纸背的绘画功底。

（二）环境设计师的社会责任

设计师的设计创作，不应该是设计师的自我表现，而应该是因社会的需要而产生的，受社会的制约并为社会而服务的。因此，作为设计创作主体的设计师，应该明确自己的社会责任，自觉地运用社会资源，自觉地运用设计为社会服务、为人们造福、为人类服务。

1. 服务意识

（1）设计的核心是人

设计是应用科学技术创造人的生活和工作所需要的产品和环境，并使人与产品、人与环境、人与社会相互和谐及相互协调，其核心是人。这里所说的“人”，既具有生物性，也具有社会性。因此，为“人”的设计便拥有了双重含义。人要通过对各种形式类型的物品的使用，满足基本的生活、生存需要，体现了人类认识自然、改造自然的物质生存过程，以及生存方式的更新变化过程。从这个角度来说，为“人”的设计最基本的表现形式是，以设计品来适应人的生理特点，满足人的生理需求。

因此，设计中充分考虑物质结构、处理造型功能与人的特定关系，是设计的一个立足点。作为一个变化着的体系，为“人”的设计还存在于创造物以引导需求的过程中，在满足需求的同时具有前瞻性和引领性。

人是文化的动物，人的任何行为都是一种文化行为，设计是最能够凸显人类文化特征的行为之一。在每个发展阶段都有其文化语境，包括社会习俗传统、社会心理价值体系、审美等，它们具体成为人们习以为常的生活方式，体现在每一个行动当中，从设计师的角度、价值观角度、审美观到设计作品的风格，都带有民族文化的烙印。现在设计不仅赋予人类生活以形式与秩序，影响和改变人们的生活方式乃至生活观念，同时也创造着文化。为促进文化教育事业发展，从教育设施、设备、教具到课本的设计，从育婴室到托儿所，都有设计辅助的需要。在医疗和安全体系中，同样需要设计师的奉献。

为“人”的设计不只是为了满足一小部分人，而应将服务对象的目标推及社会的各个方面，对于环境的主体人来说，环境的意义在于事物之间的相互作用和沟通方式，所产生的空间关系的内容。环境是由不同种类、不同功能的物质形态组成的，其中的诸多因素和组合的复杂形势，使环境呈现出多种多样的形态，物质依赖环境而存在，同时又具有相对的独立性。因此，设计的目的除了体现独立的单个品质创造以外，还要把握着个体与其他物体的协调关系，以及对环境所产生的影响，从而使物体的存在与所处的环境成为和谐的整体。

（2）创造合理的生存方式

设计师的最终目的，是创造合理的生存方式，这是设计目的的统一与升华。生存方式是一个综合系统的体现，它体现着特定时期的物质生产和科学技术水平，也反映了一定的社会意识形态的状况与社会的政治、经济、文化方面有着关系。设计是通过创造第二自然来影响人类生存方式的。所谓的“第二自然”是相对于客观存在的自然界的人工系统而言的，它与第一自然共同构成了生存方式产生的基础。

合理的生存方式作为设计目的的衡量原则，是一个动态的变量体系。各个时代不同的社会状况和审美标准等诸多因素，决定了它存在的不同特征。现在设计要求创造更合理的生存方式，明确了设计目的在现阶段所追求的协调标准，由此可见，人类文明发展的无限性，从根本上决定了设计目的的相对性和有限性，决定了合理的生存方式所具有的一定时空的局限性和可变性。也正是如此，为人类永无止境的创造活动提供了丰富的资源。人所具备的双重属性在共同建构的整体体系中，实现着微妙的平衡。这种平衡过程影响了作为群体存在的物体的风格特征。

当现代主义本着功能第一、形式第二的设计原则，为世界创造了数以千计的几何产品和建筑时，其所代表的国际化和标准化带来的异化现象，也打破了人类追求物质和精神互为平衡的要求。人们在心理上产生了排斥、失落的情绪，而人类与生俱来的对艺术装饰等因素的热爱，促成了一种新的观念和风格的诞生，这就是后现代主义。这是设计自身受社会环境条件及人类精神需求的影响产生的平衡选择，也是设计目的顺应时代特征的变化形式。

设计在很大程度上从少数人的奢侈品转向了大多数人必要的物品，这就是为人服务的设计目的表现所在。多数人的需求转化，不仅促进了对人更加深入的理解和研究，同时也促进了设计的商品化趋势，从而使设计成为全人类共同享有的资源财富。

2. 责任意识

在设计的产品中加入暴力、色情等元素，是对文化的亵渎，不仅不利于健康，而且还会形成扭曲的人格，危害社会公共意识和文化。因此，设计师必须担负起社会责任，有义务对所设计的产品负责，有义务利用健康的信息正确引导人们崇尚健康的生活方式。这就要求设计师要具备较高的文化判断能力和强烈的社会公德心。

3. 人格要求

成为优秀设计师的决定因素还有人格方面。人格是比较稳定的对个体特征行为模式有影响的心理品质。简单来说就是个人的特性，那就是人格特性，主要有积极的人生态度、想象力、智慧、耐心、善解人意、可信度。

（1）积极的人生态度

设计师比谁都应该具有积极的人生态度，坦然去面对成功、挫折与失败。因为挫折而消沉的人，很难获得成功；将失败看作宝贵的经验并积极总结，越挫越勇的，拥有这种品质的人，才能成为一个优秀的设计师。

（2）想象力

优秀的设计师还应具备富有想象力的陈述，这不仅能消除客户的排斥感，而且还能给自己带来满足感，提高交易的成功率。

（3）智慧

智慧对设计师来说至关重要。智慧是我们对客户提出疑问时，做出快速反应的基础，也是我们采取巧妙的、恰当的应付方法的基础。

（4）耐心

对一些有发展潜力的客户进行多次反复拜访，也是达成目标的手段之一。在调查中不断获得消费者的真实需求，然后有针对性地接待再访，一定能减轻对方的排斥心理。有耐心地接待几次后，也许客户已经在盘算与你合作了。因此，为了避免功败垂成，培养设计师的持久力是非常重要的。

（5）善解人意

滔滔不绝的人不一定能成为优秀设计师，因为这样的人往往沉醉于自己的思想和世界中，而忽略了客户的真实需求。一名优秀的设计师不但能够探索客户的需求，而且能感受客户的体验，判断客户的真实需求并加以满足，从而达成最终的交易。

（6）可信度

在供大于求的市场情况下，设计师常面临客户左右徘徊的局面，这就要求设计师能够从各方面配合并发挥专长。最重要的是，客户乐于接受一个设计师的原因是源于对他的信任。要求设计师必须要有令客户信任的行动，这样才能使客户乐于让你为他做广告，并带来更多的回头客。

（三）环境设计师的创造性能力

设计师的创意和潜能是需要被激发出来的，而开发创造力的核心是进行高品位的设计思维训练。创造力是设计师在进行创造性活动（具有新颖性的不重复性的活动）中发挥出来的潜在能量，培养创造性能力是造就设计师创造力的主要任务。

1. 环境设计师创造力的开发

人类认识前所未有的事物称为“发现”，发现属于思维科学、认识科学的范畴。人类研究还没有认识事物及其内在规律的活动一般称为“科学”；人类掌握以前所不能完成、没有完成工作的方法称为“发明”，发明属于行为科学，属于实践科学的范畴，发明的结果一般称为“技术”；只有做前人未做过的事情，完成前人从未完成的工作才称为“创造”，不仅完成的结果称“创造”，其工作的过程也称为“创造”。人类的创造以科学的发现为前提，以技术的发明为支持，以方案与过程的设计为保证。因此，人类的发现、发明、设计中都包含着创造的因素，而只有发现、发明、设计三位一体的结合，才是真正的创造。

创造力的开发是一项系统工程，它既要研究创造理论、总结创造规律，也要结合哲学、科学方法论、自然辩证法、生理学、脑科学、人体科学、管理科学、思维科学、行为科学等自然科学学科与美学、心理学、文学、教育学、人才学等人文科学学科的综合知识；同时，它还要结合每个人的具体状况，进行创造力开发的引导、培养、扶植。因此，对一个环境设计师来说，开发自己的创造力是一项重大而又艰苦细致的工作，对培养自己创造性思维的能力、提高设计品质具有十分重要的现实意义。

人们常把“创造力”看成智慧的金字塔，认为一般人不可高攀。其实，绝大多数人都具有创造力。人与人之间的创造力只有高低之分，而不存在有和无的界限。21 世纪，人们已进入了一个追求生活质量的时代，这是一个物质加智慧的设计竞争时代，现代设计师应将之视作一个新的机遇。这就要求设计师努力探索和挖掘创造力，以新观念、新发现、新发明、新创造迎接新时代的挑战。

创造力理论认为，人的创造力的开发是无限的。从脑细胞生理学角度测算，人一生中所调动的记忆力远远少于人的脑细胞实际工作能力。创造力学说告诉我们，人的实际创造力的大小、强弱差别主要取决于后天的培养与开发。要提高设计师的创造性、开发创造力，就应该主动地、自觉地培养自己的各种创造性素质。

2. 环境设计师创造性能力的培养

创造力的强弱与人的个性、气质有一定的关联，但它并不是一成不变的，人们通过有针对性的训练和有意识的追求是可以逐步强化和提高的。创造力的强弱与人们知识和经验的积累有关，通过学习和实践，能够得以改善。对创造力进行训练，既要打破原有的定式思维，又要有科学的方案。下面是一些易于操作又十分有效的创造力训练的方法。

二、环境设计的材料

（一）材料与环境的关系

1. 环境对材料的作用

材料的性能在很大程度上取决于环境的影响，环境包括“社会环境”和“自然环境”。其中，人所组成的社会因素的总体成为社会环境。自然因素的总体成为自然环境，目前认为是以大气、水、土壤、地形、地质、矿产等一次要素为基础，以植物、动物、微生物等作为二次要素的系统的总体。

社会环境是材料科学发展的动力，正确的材料生产、加工和使用，体现了人们的认识过程。

党的十一届三中全会以后，人们发现除了“质量”或“性能”外，还要考虑“效益”，即“经济”判据。1996 年，我国宣布实施可持续发展战略，在社会上，才广泛地认识到“资源、能源、环境保护”第三个战略性判据。

1979 年，美国材料科学与工程调查委员会给“材料科学与工程”所下的定义：“材料科学与工程是关于材料成分、结构、工艺和它们性能与用途之间的有关知识的开发和应用的科学”。这一传统的四要素体系没有充分考虑材料的环境协调性问题，或者说环境协调性问题在当时还没那么尖锐突出。因此，按照传统的材料评价方法不可能反映出环境对材料作用的优劣，必须建立新的材料评价体系和完善材料评价内容。

自然环境对材料的作用包括对各种材料的腐蚀、分解、风化或降解效应。

2. 材料对环境的影响

材料产业支撑着人类社会的发展，为人类带来了便利和好处，但材料在整个生命周期对生态环境有重要的影响，这也是本学科的研究重点。材料对环境的影响包含正面影响和负面影响两个方面，正面影响是指用各种材料来不同程度地修复环境所受到的损伤、治理或减轻环境污染等。但是从长远的观点来看，这种修复作用、治理作用或减轻作用是暂时的、局部的和相对的。材料对环境的负面影响主要是指在材料的开采、提取、加工、制备、生产以及使用和废弃的过程中对环境造成的直接的或间接的损伤和破坏。材料对环境的负面影响是我们讨论的重点内容。众所周知，材料的生产、制备、加工、使用和再生等过程，一方面，需要消耗大量的资源和能源，以保证过程的顺利进行；另一方面，由于物理变化或化学变化过程排放出的大量废水、废气和废渣又会造成环境的污染与生态的破坏，威胁着人类的生存和健康。

在材料加工、生产和使用过程中，资源消耗一般可分为直接消耗和间接消耗两类。直接消耗是指将材料用于材料的加工和生产过程。间接消耗是指在材料的运输、贮藏、包装、管理、流通和使用等环节造成的资源消耗。例如，材料的运输需要运输工具；贮藏需要占地、建造仓库；产品包装、流通以及使用等需要的各种辅助设施等。

我国是一个材料生产和消耗大国，资金、技术、管理等原因造成资源的不合理开发和利用，使资源、能源、环保等结构性矛盾更加突出，每单位 GDP 的资源和能源消耗是发达国家的 10 倍左右，资源利用率过低，矿产资源保障程度低，资源短缺问题越来越突出。工业固体废物产生量逐年上升，但由于工业固体废物处理量（包括综合利用量、贮存量和处置量）持续增加，使工业固体废物排放量逐年下降。

2008 年，工业固体废物排放量超过 60 万吨的行业依次为煤炭开采和洗选业，电力、热力的生产及供应业，有色金属矿采选业，黑色金属矿采选业。这 4 个行业工业固体废物排放量占统计工业行业固体废物排放总量的 68.0%。

材料的使用也会对环境造成难以弥补的损害。例如，人类在使用冷冻剂、消毒剂和灭火剂等化学制品时，向大气排放出大量的氟氯烃气体等，造成了臭氧层的破坏。电子信息产品的大量使用，使得电子类功能材料更新换代急剧加速，电子垃圾剧增，电磁污染日趋严重，各种“无形杀手”随着高速发展的电子信息进入了人们的日常生活环境当中。电子材料中，无论是无机类的电子陶瓷、电子玻璃、金属材料，还是有机类或复合类的电子材料，含有的铅、磷、氟、砷、钴、钍等数量巨大，大多是经过高温熔融、烧结进入材料中的，极难分离。回收再利用异常困难，而且大多集中在城市周围，废弃后造成极大的环境隐患。另外，方便人们生活的塑料包装、一次性餐盒等带来了“白色污染”问题；废弃混凝土再生利用率低，造成其大量堆积在城市周围，占地并污染土壤和地下水，在材料使用过程中产生的类似的环境污染问题已成为世界性难题。

从理论上讲，材料的生产、制备、加工、使用和再生过程对环境造成的负面影响具有必然性、不可逆性、普遍性。由此而产生的环境问题是与人类的欲望、经济的发展、科技的进步同时产生和发展的，表现出相互依存的关系。有人认为，随着科学技术的进步，人类社会的环境问题将不再存在，这个观点是不全面的。

（二）环境设计材料的概说

随着人们对环境保护和可持续发展的重视，材料在环境设计中具有其独有的内在意。环境艺术设计中的一个重要特性是它的可实现性。没有材料的支撑，设计将永远只是一个虚幻的概念。

因此，对材料的认识，是实现环境艺术设计的前提和保证。包豪斯学校的教师约翰内斯·伊顿曾经写道，“当学生陆续发现可以利用的各种材料时，他们就能创造出更具有独特材质感的作品”。由此可见，设计师对各种材料灵活而有效的应用，会让我们司空见惯的一些材料在此也显得与众不同，使人们更加直观地体会到材料在设计中的无穷魅力。材料是设计的物质基础，任何功能目标的实现是通过可感知的材料等体现出来的，设计的重要原则之一就是正确掌握材料，赋予材料以生命。材料分为两大类：基础材料和表现材料。基础材料是塑造空间的基础，是一个空间最基本的生存条件；表现材料就很丰富了，可谓百花齐放。在环境设计中对选材应该坚持自己的本质观点。在保证空间的前提下，材料应该是越少越好。

就室内材料而言，随着“轻装修，重装饰”的装饰风格和绿色生态设计理念的流行，软装饰材料越来越受到人们的重视，它在整个室内装修中所占的比例越来越大。装饰材料是室内环境设计方案得以实现的物质基础，只有充分地了解或掌握装饰材料的性能，按照使用环境条件合理地选择所需材料，充分发挥每一种材料的长处，做到物尽其用，才能满足现代室内环境设计的各种要求。中国的建筑师自古就有用材得当的传统，尤其在木材和石材的应用上更是轻车熟路。例如以故宫、颐和园为代表的木建筑，不仅外形美观，更经久耐用；苏州园林更是用材高手的杰作。对石材的应用方面，赵州桥更是一个杰出的代表。用材不在多，也不在新，重在恰当，尤其是在公共建筑方面，用普遍的材料设计出经典的作品，才见真功夫。

著名建筑大师贝聿铭在设计位于北京西单路口的中国银行时，内外墙装饰仅用了一种材料——意大利罗马洞石，其色调以米黄居多，使人感到温和，质感丰富，条纹清晰，促使装饰的建筑具有强烈的文化和历史韵味，曾被世界上多处建筑使用，从这也能体现出材料的使用在环境设计中起着重要的作用。各种变幻莫测、主体感极强的新型材料能够创造出同一种空间的不同的心理感觉。高质量的建筑空间品质是一个优秀建筑师不变的追求，而建筑空间的表达依赖各种建筑元素如建筑设计媒介、建筑材料、构造技术、结构技术、物理环境以及设备技术等。

（三）环境设计材料对设计的影响

随着经济的不断发展，室内环境设计行业发展的不断成熟，人们开始对室内环境设计有了更深层次的理解。人们不再满足于大量的重复和再版，而是追求具有独特性与文化性的室内装饰设计。而各种装饰材料的大量涌现，为设计师提供了丰富的物质条件，极大地加强了设计的表现力。对于室内装饰材料的研究，除了掌握其功能特点外，主要应研究材料本身的素质和艺术表现力，以及人的视觉、心理反应等。室内环境设计的各种意图，必须通过材料的合理运用来完成，可以用在室内环境中的材料很多，但是达到合理运用的目的则比较困难，我们应当学会主动驾驭材料，最大限度地发挥材料各自的优势，而不能盲目乱用，甚至无原则地把高级材料堆砌在一起。对于高级材料的使用，应重点突出，体现高级材料精用的原则。

装饰材料主要包括天然石材、不锈钢、陶瓷、木材、各类木质合板以及墙体涂料等。木材和金属是所有建筑装饰文化与技术的构成基础，而石材则构成了建筑的外观。材料正因为体现其本性才获得价值，材料的质地和肌理可以增强空间环境效果，并使它的基本形象更具有意义，所以任何材料的运用都应体现其本质。

在现代主义的后期，建筑中更多地使用金属和木材，这既源于工业的发展，还因为金属和木材在楼梯、讲台、桌子和窗等部位的运用上，具有别的材料难以相提并论的优势，所以金属和木材将继续在 21 世纪的室内环境设计中扮演不可或缺的角色。可以预见的是，在不久的将来，天然石材在中国不再像以往那样受欢迎，天然石材大部分含有超越国家标准 5 倍以上的辐射源，对人体健康影响很大，对环境有一定的破坏力。而且天然石材开采困难，表面粗糙，容易破碎，成本很高。目前天然石材的替代产品——人造石的研发技术已遇到瓶颈。在未来装饰中，天然石材只作为局部的点饰。我们会更在意其天然纹理的独特性和整体性，而绝非像今天，我们多数人都认为色差小的石材才是质优的石材。就现代设计而言，色差其实也是一种美，关键在于你如何运用这些差异。随着加工工艺的迅速发展，天然石材也许有一天像沙钢条和实木线一样，作为更多细节设计时运用的材料。

设计的新风格、新潮流和材料的发展密不可分。材料制约着设计，同时设计带动着材料的发展。只有在材料极大丰富的基础上，创意思维才能展翅翱翔，设计才能得到最大限度的发挥。在现代设计中，极简主义日益盛行。简洁绝非简单，正由于其简洁，反过来对于材料品质的要求更高。镶嵌在门板上的0.6厘米的沙钢条不能用同样厚度的沙钢板加工出来，而要用更贵的沙钢实条来制作。因此，材料的品质代表着一种品位。但是，不分重点地将一类高级材料，如花岗石、不锈钢、高级硬木、激光玻璃等到处乱用，以为这才能体现出所谓的装饰档次，这实际上是把使用高贵材料和提高环境质量两件完全不同的事情混为一谈了。这种指导思想，离开室内环境设计的基础方向和原则，不仅会造成严重的经济损失，而且使室内环境给人以一种不伦不类的感觉，或者说是把室内环境设计简单化、庸俗化。

墙面装饰在室内装饰中占据很大的比例，起衬托作用，是整个设计的基调。内墙装饰材料分壁纸、壁布、涂料以及马赛克瓷砖、复合砖等。在现代家居装饰中，涂料是目前最流行的墙面装饰材料，它为美化墙壁起着其他材料无法替代的作用。涂料的品种逐渐多样化，新产品艺术漆、壁纸漆、幻图漆、彩艺漆等新型涂料出现，为设计师提供了更多的选择空间。

光往往是被人忽视的一种材料，若运用得当，则奇妙无穷。光是一种可塑性很强的物质，是塑造物体的妙物，是营造气氛的高手。例如，珠宝店大量运用射灯来展示珠宝的璀璨，咖啡屋与酒吧用摇曳的烛光制造温馨浪漫的气氛，城市建筑造型灯产生的神话宫殿的效果，无不体现了光的神奇魅力。光是奇妙的设计材料，至今为止，还没有什么东西可以取代它。在未来的室内环境设计中，光将越来越重要。对于一个室内环境设计师来说，熟悉和了解新的灯具和照明方式应该如熟悉和了解自己的灵魂一样。也许有一天，光能改变我们这个行业很多特定的东西。日本发明的星空变幻涂料，由于和光的巧妙配合，而引领了一方潮流，这应该算是光学和材料相结合的典范。

随着信息时代、数字时代的不断发展，材料也会有惊人的发展，不断了解和发现新的材料，运用在室内环境设计中，那才是开创室内环境设计未来时代的根本所在。

第三节　环境设计的空间影响因素

一、空间基础

（一）空间的形成

只要稍稍留意一下身边，我们就会发现在日常生活当中随时出现简单而有趣的空间现象。在艳阳高照或阴雨天时人们会撑起小伞，在草地里休息或用餐时人们会在地上铺一块塑料布。这些都会很容易地在我们身边划定出一个不同于周围的小区域，从而暗示出一个临时空间的存在。雨伞和塑料布提供了一个亲切的属于我们自己的范围和领域，让我们感到舒适和安全。由街边的矮墙和台阶所形成的小的区域，同样可以暗示出一个空间的存在。

空间的形成并不完全依赖视觉。无论是明确的还是模糊的，无论是临时的还是长久的，只要通过某种方式人们就会直观地或潜在地意识到某种范围、区域和领域的存在，人们就会感觉到空间的形成。

（二）实体与虚空

“埏埴以为器，当其无，有器之用。凿户牖以为室，当其无，有室之用。故有之以为利，无之以为用。”这是两千五百年前老子对“空间”的概念进行过的极富东方哲学思辨精神的精辟论述。它的大意是说，用陶泥制作器皿，其中“空”的部分才使得器皿具有使用的价值；开凿门窗建造房子，同样房间中“空”的部分才使得房间具有使用的价值；实体所具有的使用价值是通过其中虚空的部分得以实现的。老子关于空间的论述清晰而深刻地阐明了用以围合空间的实体和被围合出的空间之间的辩证关系，经现代主义建筑大师弗兰克・劳埃德・赖特加以引用而给予设计界以极大的启发。它让我们通常只关注实体的眼睛“看见”了虚空。然而，在意识到“空”的价值的同时，我们也同样不应该忽视围合出空间的实体的作用。尽管它不是空间本身，但无疑它帮助形成空间，也深刻影响着空间。

由于中间被围合的“空”的部分充满了不确定性而难于把握，使得我们在分析和讨论空间的时候，很多情况下就需要借助相对确定也更易于控制的实体进行讨论而得以实现。此外，当我们在从事空间设计工作的时候，我们主要也是通过对形成空间的实体进行安排和组织，以达到创造和调节空间本身的目的。

（三）空间与空间感

显然，对于空间进行探讨的价值和意义不仅在于空间本身的客观状态，更涉及人们身处其中的复杂感受和行为反馈。因此，我们在谈论“空间”的时候往往离不开对“空间感”的谈论。大家可能也意识到了，在论述“空间的形成”的过程中，实际上也是在讲述“空间感”的形成。在很多情况下，人们感受到的空间和真实的物质空间存在着很大的差异。在当前的视频游戏领域，数字模拟技术已经可以做到将真实的世界与人们感受到的虚拟世界完全分离开来的程度，这可以说是利用“空间感”创造“空间”的比较极端的方式。

研究发现，尽管人们始终在各种各样的空间中活动，但并不是所有人经历过的空间都能给人留下印象，并且特征不同的空间给人们留下的印象强度也存在很大差异。我们每个人可能都有过这样的经验：当我们分别通过一条两侧排列着封闭房间的办公楼通道和一条两侧布置着可以观赏到室外景致的玻璃窗的走廊时，一定会有着完全不同的感受。尽管两条通道的实际长度大致相同，但由于前者给我们的空间感觉封闭沉闷，往往会显得乏味冗长；后者由于提供给我们较为丰富愉悦的空间体验，因而相比之下在实际通过时会使人感觉比实际距离缩短了很多。

由此可见，对真实空间进行不同的处理和安排，可以有效地调节人们对空间的印象，进而会促进人们的某些行为而抑制另外一些行为。应该说，这正是我们对空间进行设计和规划的主要方式。

（四）空间的类型

1. 固定空间与动态空间

固定空间是指功能明确、位置不变的空间，可以用固定不变的界面围合而成。其特点是：① 空间的封闭性较强，空间形象清晰明确，趋于封闭性；② 常常以限定性强的界面围合，对称向心形式具有很强的领域感；③ 空间界面与陈设的比例尺度协调统一；④ 多为尽端空间，序列至此结束，私密性较强；⑤ 色彩淡雅，光线柔和；⑥ 视线转换平和，避免强制性引导视线的因素。

动态空间（或称流动空间）往往具有开敞性和视觉导向性的特点，界面组织具有连续性和节奏性，空间构成形式变化丰富，常常使视点转移。空间的运动感就在于空间形象的运动性上。界面形式通过对比变化，图案线型动感强烈，常常利用自然、物理和人为的因素造成空间与时间的结合。动态空间引导人们从“动”的方式观察周围事物，把人们带到一个由空间和时间相结合的“四维空间”。

2. 开敞空间与封闭空间

开敞空间与封闭空间常常是相对而言的，具有程度上的差别，它取决于空间的性质及周围环境的关系，以及视觉及心理上的需要。开敞的程度取决于有无侧界面、侧界面的围合程度、开洞的大小及开启的控制能力等。

而封闭空间是用限定性比较强的围护实体（承重墙、隔墙）等包围起来的，是具有很强隔离性的空间。随着维护实体限定性的降低，封闭性也会相应减弱，而与周围环境的渗透性相对增强，但与虚拟空间相比，仍然是以封闭为特色。在不影响特定的封闭功能的原则下，为了打破封闭的沉闷感，经常采用落地玻璃窗、镜面等来扩大空间感和增加空间的层次。

从空间感来说，开敞空间是流动的、渗透的，受外界的影响较大，与外界的交流也较多，因而显得较大，是开放心理在环境中的反映；封闭空间是静止而凝滞的，与周围环境的流动性较差，私密性较强，具有很强的领域性，因而显得较小。从心理效果来说，开敞空间常常表现得开朗而活跃；封闭空间表现得安静或沉闷，是内向的、拒绝性的，但私密性与安全性较强。开敞空间是收纳而开放的，因而表现为更具公共性和社会性，而封闭空间则是私密性与排他性更突出。对于规模较大的环境来说，空间的开放性和封闭性需要结合整个空间序列来考虑。

3. 虚拟空间与实体空间

虚拟空间是指在界定的空间内，通过界面的局部变化。例如，局部升高或降低地坪或天棚，或以材质的不同、色彩的变化，而再次限定空间。它不以界面围合为限定要素，只是依靠形体的启示和视觉的联想来划定空间；或是以象征性的分隔，造成视野通透。借助室内部件及装饰要素形成“心理空间”。这种心理上的存在，虽然本是不可见的，但它可以由实体限定要素形成的暗示或由实体要素的关系推知。这种感觉有时模糊含混，有时却清楚明晰。空间的形与实体的形相比，含义更为丰富和复杂，在环境视觉语言中具有更为重要的地位。

虚拟空间的范围没有十分完备的隔离形态，也缺乏较强的限定度，只是依靠部分形体的启示，依靠联想和“视觉完整性”来划定空间。它可以借助各种隔断、家具、陈设、绿化、水体、照明、色彩、材质、结构构件及改变标高等因素形成。这些因素往往也会形成重点装饰。而实体空间则是由空间界面实体围合而成的，具有明确的空间范围和领域感。

4. 单一空间与复合空间

单一空间的构成可以是正方体、球体等规则的几何体，也可以是由这些规则的几何体经过加、减、变形而得到的较为复杂的空间。单一空间之间包容、穿插或者邻接的关系，构成了复合空间。一个大空间包容一个或若干小空间，大、小空间之间易于产生视觉和空间的连续性，是对大空间的二次限定，是在大空间中用实体或象征性的手法再限定出的小空间，也称为“母子空间”。

但是，大空间必须保持足够的尺度上的优势，不然就会感到局促和压抑。有意识地改变小空间的形状、方位，可以稳固小空间的视觉地位，形成富有动感的态势。许多子空间往往因为有规律地排列而形成一种重复的韵律感。它们既有一定的领域感和私密感，又与大（母）空间有相当的沟通，能很好地满足群体与个体在大空间中各得其所、融洽相处需求的一种空间类型。

（五）空间的基本属性

1. 空间的功能

人们修建房子是有一定的目的和使用要求的，这就是建筑空间的功能。建筑空间最初的主要功能是遮风避雨、抵御严寒酷暑和防止野兽的侵袭，仅作为人类赖以生存的工具，由此而产生了内部空间与外部空间的区别。人类具有很强的能动性，不仅能适应环境，而且能改造环境。从原始人的穴居，发展到具有完善设施的现代建筑，是人类长期对自然环境进行改造的结果。人们对空间的需要，也是一个从低级到高级，从满足物质需求到满足精神需求的发展过程。人类创造性的本质决定了人们从来就是有选择地对待自己的生存环境，并按照自己的思想、愿望来对其进行调整和改造，因此人类的行为推动了社会的发展。随着社会的不断发展，人们的生活方式和各种需要也在不断地改变，对建筑空间的功能也就提出了新的要求。由此可以看出，建筑空间的功能不是一成不变的，而是随着社会的发展不断地补充、创新和完善的。

建筑空间的功能包括物质功能和精神功能，建筑空间的形式必须适应功能要求，它表现为功能对空间形式的一种制约性。从物质功能方面来看，功能对空间制约的主要表现：合理的空间面积、形状、大小；适合的交通组织、疏散、消防、安全等措施；科学地创造良好的日照、通风、采光、隔声、隔热等物理环境等。从精神功能方面来看，建筑空间的精神功能是在物质功能的基础上的，从人的文化与心理需求的角度出发，如人的愿望、意志、审美情趣、民族文化、风格等，并能在建筑空间形式的处理和空间形象的塑造上，使人们获得精神上的满足和美的享受。

对于空间形象的美感问题，由于审美理念的差异，往往没有一致的答案，而且每个人的审美观念也是发展变化的，但建筑的形象美也存在着基本规律。建筑空间的美，无论是空间的内部还是外部都包含形式美和意境美两个方面。空间的形式美一般是指空间的构图原则或规律，如对比与微差、均衡与稳定、比例与尺度、节奏与韵律等，都是创造建筑形象美常用的手段。但符合形式美的空间，不一定就能达到意境美。所谓意境美，就是要表现特定场合下的性格。例如，不同建筑空间能体现出的庄严感、宏伟感、力度感、神秘感、幽雅感等，都是指不同建筑所表现出的性格特点。由此可见，形式美只能解决一般的、表象的、视觉的问题，而意境美能解决特殊的、本质的、影响人心灵的问题。

建筑为人所造，供人所用，我国最早制定的建筑方针是“适用、安全、经济、美观”。这充分体现出建筑功能的重要性。建筑有许多类型，不同类型的建筑有不同的功能，但各种类型的建筑都应满足以下基本的功能要求。

（1）人体活动尺度的要求

人在建筑所形成的空间里活动，人体的各种活动尺度与建筑空间具有十分密切的关系，为了满足人的使用活动需要，首先应熟悉人体活动的一些基本尺度。

（2）人的生理要求

建筑物对人的生理影响是由建筑物的朝向、通风、采光、保温、防潮、隔热、隔声、照明等因素产生的，这些因素都是满足人们生产或生活所必需的。随着物质技术水平的提高和科技的进步，满足上述生理要求的可能性将会日益增大。

（3）使用过程和特点的要求

人们在各种类型的建筑中活动，经常是按照一定的顺序或路线进行的，这就要求建筑空间的组织应满足人们活动顺序特点要求。另外，许多建筑在使用上具有某些特点，如视和听，温度和湿度的要求等，它们都直接影响建筑的使用功能，也影响着建筑的造型，这都是建筑空间设计中必须解决的功能问题。

2. 建筑空间的物质技术

（1）建筑空间的结构

结构是建筑的骨架，它为建筑提供符合使用要求的空间并承受建筑物的全部荷载，抵抗各种外在的可能对建筑造成损害的因素，结构的坚固程度直接影响着建筑物的安全与寿命。

柱、梁、板结构和拱结构是人类最早采用的两种结构形式，由于天然材料自身的限制，当时不可能取得很大的空间，利用钢结构和钢筋混凝土结构可使梁和拱的跨度极大地增加，它们仍然是目前所常用的结构形式。随着科技的进步，人们能够对结构的受力情况进行分析和计算，人们相继创造了桁架、钢架、网架、壳体和悬索结构。

人们建造空间的结构方法有许多是从大自然的启发中得来的，大自然有许多非常科学合理的“结构”，如贝壳之类的生物要保持自己的形态，就需要一定的强度、刚度和稳定性，它们的结构往往既坚固又合理。人们在大自然的启示中，利用钢材的强度、混凝土的可塑性以及多种多样的塑胶合成材料，创造了如壳体、折板、充气、悬索等多种多样的新型结构，为建筑取得灵活多样的空间提供了条件。

结构作为建筑的形式，它只是一种手段，它的目的是既服务于功能又服务于审美，但就相互之间的制约关系而言，它和功能的关系最为紧密。任何一种结构形式都不是凭空出现的，它都是为了适应一定的功能要求而被人们创造出来的。某种结构手段所围合的空间形式只有能够适应特定的功能要求，才有存在的价值。

不同的功能要求都要有相应的结构方式来提供与功能相适应的空间形式。例如，为适应蜂房式的空间组合形式，可采用内墙承重的梁板式结构；为适应灵活划分空间的要求，可采用框架承重的结构；为求得高大宽敞的大型空间，可根据空间的特点选择桁架、壳体、悬索、网架等大跨度结构。每一种结构形式由于受力情况不同，结构的构件和组合的方式不同，所形成的空间形式也必然不同。每一种结构形式既有特点又有局限性，因此需要人们对其进行合理选择。另外，不同的结构形式也能反映出不同的空间造型特征，因而结构在满足功能的同时还能服务于另一个目的，即满足精神和审美方面的要求。与功能相比，虽然这方面的要求居于从属地位，但也不是可有可无的。古代的建筑师在创造结构时从来就是把满足功能要求和满足审美要求联系在一起的，这种把建筑造型与结构形式统一起来的观点，在当代也是被广大建筑师推崇的。技术与艺术相结合产生的建筑空间形象，反映了建筑艺术的本质，是其他艺术无法取代的。

（2）建筑材料

建造空间需要物质材料，建筑材料对结构的发展有着重要的意义。砖的出现使拱券结构得以发展，钢筋和水泥的出现促进了高层框架结构和大跨度空间结构的发展，玻璃的出现给建筑的采光带来了方便。现在越来越多的复合材料正在出现，如混凝土中加入钢筋，可增强抗弯能力，金属或混凝土材料内加入泡沫、矿棉等夹心层，可增强隔声和隔热效果等。

建筑材料基本可分为天然材料和非天然材料两大类，它们又各自包括了许多不同的品种。合理应用材料，首先应了解建筑空间对材料有哪些要求以及各种不同材料的特性，那些强度大、自重小、性能高和易于加工的材料是理想的建筑材料。当然，在建筑设计中，应注意就地取材，提高建筑的经济性，这也是合理用材的基本原则。

二、空间的内部与外部

空间的“内部”与“外部”是相对的。当空间被清晰且严格地加以限定时，被限定范围内的部分，我们称之为空间内部；反之，则称之为空间外部。就一个封闭的房间而言，我们可以很容易地区分出它的内部和外部，墙体以及门窗清晰地划分出了空间的边界和范围。然而当空间的边界和范围模糊不清时，我们则很难辨认出空间内部和外部的差别。仔细分析可以发现，内部和外部是由于空间开放程度的差异造成的。相对封闭的空间区域暗示着空间的“内部”；反之，则显示出“外部”的特征。

对于建筑体而言，内部空间与外部空间一般是以建筑围护体的边界来加以区分的。一般而言，由于墙体和门窗可以将建筑的内部和外部比较明确地加以分隔，形成了一般意义上的“室内”和“室外”的概念。但显然，室内空间不是孤立的，它存在于与其外部复杂的相互关系之中。因此，对于空间内部的设计也应被置于空间外部包括自然和城市的更广阔的视野中去考察。这样做不仅会对室内空间的形成和完善提供更多的线索和可能，而且也会为内部空间设计提供更具逻辑性的发展基础。

在欧洲中世纪保留下来的传统城镇中，街道两侧和广场周边的建筑形成了很亲近的尺度感和围合性，这些街道和广场的地面大多使用与建筑室内并无很大差异的石材进行地面铺装，使得人们徜徉在城市的街道上有如在内部空间中行走一般。而居住在那里的人们也确实把大部分的日常活动都转移到了城市的街道和广场中进行，这就是人们习惯于把欧洲传统的城市广场称作“城市起居室”的原因。

目前，也有很多优秀的空间案例创造性地打破了人们一般观念中室内和室外的概念，形成了一些富于启发性的空间样态，拓展了人们对于空间的特殊体验。著名现代主义建筑大师勒·柯布西耶曾经为外科医生克鲁榭设计过一个包含诊所在内的小型住宅综合体。在这一案例中最有趣之处在于，人们从建筑临街的入口进入的并不是严格意义上的室内门庭，而是一个与内部露天庭院相连通的有着屋顶的室外空间。门厅比之于街道的外部属性而言无疑属于内部空间，但它同时又是一个开放的室外空间，这一空间内外的双重角色转换给人们带来了有趣的过程体验。英国著名建筑师詹姆斯·斯特林设计的德国斯图加特新国立美术馆在内部空间与外部空间的相互转换方面也进行了成功的尝试。该作品试图通过一个连通城市与建筑的室外庭院来建立起城市公共空间与建筑内部空间之间的紧密联系。

连接城市街道和美术馆内部庭院的步行坡道，将城市的人流自然地引入一个属于美术馆内部的圆形露天庭院之中。然而城市的人流并不能走到庭院的地面层，而是在环形通道的引导下从二层的高度上贯穿庭院而过。设计师通过这一空间安排实现了城市人群与美术馆内部人群对圆形庭院空间在视觉上的共享，同时二者的活动又不相互干扰。在这里，圆形的户外庭院同样充当了内部与外部空间的双重角色。

在与外部的自然环境保持紧密联系方面，罗马的万神庙无疑是这方面最具历史性的经典案例。建筑师在巨大穹顶上的一个圆形孔洞把极为封闭的内部空间变成了一个完全的室外空间，从而将内部空间与外部世界紧密地联系了起来。在晴朗的季节里，阳光每天移动的轨迹会通过屋顶的圆形开孔投射到建筑内部的穹顶和墙壁上，在雨季时，雨水也会从屋顶的圆形开孔处飘落进来，使人们尽管身处内部空间却可以强烈地感受到宇宙的力量和外部世界的存在。

三、环境设计的空间组织

（一）空间的基本关系类型

1. 包容关系

包容关系是指一个相对较小的空间被包含于另外一个较大的空间内部，这是对空间的二次限定，也可称为“母子空间”。二者存在着空间与视觉上的联系，空间上的联系使人们行为上的联想成为可能，视觉上的联系有利于视觉空间的扩大，同时还能够引起人们心理与情感的交流。

一般来说，子空间与母空间应存在着尺度上的明显差异，子空间的尺度过大，会使整体空间效果显得过于局促和压抑。为了丰富空间的形态，可通过子空间的形状和方位的变化来实现。

2. 邻接关系

邻接关系是指相邻的两个空间有着共同的界面，并能相互联系。邻接关系是最基本与最常见的空间组合关系。它使空间既能保持相对的独立性，又能保持相互的连续性。其独立与连续的程度，主要取决于邻接两空间界面的特点。界面可以是实体，也可是虚体。例如，实体一般可采用墙体的变化来设计，虚体可采用列柱、家具、界面的高低、色彩、材质的变化等来设计。

3. 穿插关系

（1）空间穿插关系释义

穿插关系是指两个空间相交、穿插叠合所形成的空间关系。空间的相互穿插会产生一个公共空间部分，同时仍保持各自的独立性和完整性，并能够彼此相互沟通形成一种“你中有我、我中有你”的空间态势。两个空间的体量、形状可以相同，也可不同，穿插的方式、位置关系也可以多种多样。

（2）空间穿插的表现形式

空间的穿插主要表现为以下三种形式。

① 两个空间相互穿插部分为双方共同所有，使两个空间产生亲密关系，共同部分的空间特性由两空间本身的性质融合而成。

② 两个空间相互穿插部分为其中一空间所有，成为这个空间的一部分。

③ 两个空间相互穿插部分自成一体，形成一个独立的空间，成为两个空间的连接部分。

4. 过渡关系

过渡关系是指两个空间之间由第三个空间来连接和组织空间关系，第三个空间成了中介空间，主要对被连接空间起到引导、缓冲和过渡的作用。它可以与被连接空间的尺度、形式等相同或相近，以形成一种空间上的秩序感；也可以与被连接的空间形式完全不同，以示它的作用。

过渡空间的具体形式和方位可根据被联系空间的形式和朝向来确定。

（二）空间的组合方式

空间的组合方式，主要有集中式、放射式、网格式、线式和组团式五种空间组合方式。

1. 集中式空间组合方式

集中式空间组合方式通常表现为一种稳定的向心式构图，它由一个空间母体为主结构，一系列的次要空间围绕这个占主导地位的中心空间进行组织。

2. 放射式空间组合方式

放射式空间组合方式由一个主导的中心空间和若干向外放射状扩展的线式空间组合而成。集中式空间形态是一个向心的聚集体，而放射式空间形态通过现行的分支向外伸展。

放射式空间组合方式也有一种特殊的变体，即“风车式”的图案形态。它的线式空间沿着规则的中央空间的各边向外延伸，形成一个富于动感的“风车”图案，在视觉上能产生一种旋转感。

3. 网格式空间组合方式

网格式空间组合方式是空间的位置和相互关系受控于一个三度网格图案或三

度网格区域。网格的组合力来自图形的规则和连续性，它们渗透在所有的组合要素之间。

由于网格是由重复的模数空间组合而成的，因此空间可以削减、增加或层叠，而网格的同一性保持不变，具有组合空间的能力。

4. 线式空间组合方式

线式空间组合方式是指由尺寸、形式、功能性质和结构特征相同或相似的空间重复出现而构成；或是将一连串尺寸、形式和功能不相同的空间，由一个线式空间沿轴向组合起来。

线式空间组合方式可以终止于一个主导的空间或形式，或者终止于一个特别设计的清楚标明的空间，也可与其他空间组织形态或场地、地形融为一体。这种组合方式简便、快捷，适用于教室、宿舍、医院病房、旅馆客房、住宅单元、幼儿园等建筑空间。

5. 组团式空间组合方式

组团式空间形态通过紧密连接使各个小空间之间相互联系，进而形成一个组团空间。组合式空间形态的图案并不是来源于某个固定的几何概念。因此，空间灵活多变，可随时增加和变化而不影响其特点。

空间所具有的特别意义，必须通过图形中的尺寸、形式或朝向显示。在对称及有轴线的情况下，可用于加强和统一组团式空间组织的各个局部来加强或表达某一空间或空间组群的重要意义。

四、环境设计的空间尺度

尺度是空间环境设计要素中最重要的一个方面。它是我们对空间环境及环境要素在大小方面进行评价和控制的度量。尺度在空间造型的创作中具有决定性的意义。

（一）空间尺度的概念

1. 空间尺度的分类

从内涵来说，在空间尺度系统中的尺度概念包含了两个方面的内容：客观自然的尺度和主观精神的尺度。

（1）客观自然的尺度

客观自然的尺度可以称为客观尺度、技术尺度、功能尺度，其中主要有人的生理及行为因素，技术与结构因素。这类尺度问题以满足功能和技术需要为基本准则，是尺寸的问题，是绝对的尺度，没有比较的关系。决定这种尺度的因素是不以人的意志为转移的客观规律。

（2）主观精神的尺度

主观精神的尺度可以称为主观尺度、心理尺度、审美尺度。它是指空间本身的界面与构造的尺度比例，主要满足于空间构图比例，在空间审美上有十分重要的意义。这类尺度主要满足人类心理审美的需求，是由人的视觉、心理和审美决定的尺度因素，是相对的尺度问题，有比较与比例关系。

另外，日本小原二郎在《室内空间设计手册》一书中比较全面地阐述了尺度四个方面的内涵。

第一，以技术和功能为主导的尺寸，即把空间和家具结构的合理与便于使用的大小作为标准的尺寸。

第二，尺寸的比例，它是由所看到的目的物的美观程度与合理性引导出来的，它作为地区、时代固有的文化遗产，与样式深深地联系在一起。

第三，生产、流通所需的尺寸——模数制，它是建筑生产的工业化和批量化构件的制造，在广泛的经济圈内把流通的各种产品组合成建筑产品时的统一标准。

第四，设计师作为工具使用的尺寸的意义——尺度，每个设计师具有不同的经验和各自不同的尺度感觉及尺寸设计的技法。

2. 与环境设计有关的空间尺度

（1）人体尺度

人体尺度是指与人体尺寸和比例有关的环境要素与空间尺寸。这里的尺度是以人体与建筑之间的关系比例为基准的。人总是按照自己习惯和熟悉的尺寸大小去衡量建筑的大小。这样，我们自身就变成了度量空间的真正尺度。这就要求空间环境在尺度因素方面要综合考虑适应人的生理及心理因素，这是空间尺度问题的核心。

（2）结构尺度

结构尺度是除人体尺度因素之外的因素，它也是设计师创造空间尺度的内容。如果结构尺度超出常规（人们习以为常的尺寸大小），就会造成错觉。

利用人体尺度和结构尺度，可以帮助我们判断周围要素的大小，正确显示出空间整体的尺度感，也可以有意识地利用它来改变一个空间的尺度感。

3. 尺度感觉

客观尺度转换成主观意识的最终结果就是一个人尺度观的建立。人的某种尺度感会造成某个人特有的尺度感。一般来说，尺度感分为自然尺度、超常尺度和亲切尺度三种。自然尺度是让空间环境表现它自身自然的尺寸。自然尺度问题是比较简单的，但也需要仔细处理细部尺寸的互相关系与真实空间的关系。超常尺度即通常所说的超人尺度，它企图使一个空间环境尽可能显得大，超常尺度并不是一种虚假的尺度，它以某种大尺寸的单元为基础，是一种比人们所习惯的尺寸要大一些的单元。亲切尺度是希望把空间环境设计得比它实际尺度明显小一些。

4. 比例

（1）比例及其含义解析

比例主要表现为一部分对另一部分或对整体在量度上的比较、长短、高低、宽窄、适当或协调的关系，一般不涉及具体的尺寸。出于建筑材料的性质、结构功能以及建造过程的原因，空间形式的比例不得不受到一定的约束。即使是这样，设计师仍然期望通过控制空间的形式和比例，把环境空间建造成人们预期的结果。

在为空间的尺寸提供美学理论基础方面，比例系统的地位领先功能和技术因素，通过各个局部归属与一个比例谱系的方法，比例系统可以使空间构图中的众多要素具有视觉统一性。它能使空间序列具有秩序感，加强连续性，还能在室内室外要素中建立起某种联系。

在建筑和它的各个局部，当发现所有主要尺寸中间都有相同的比例时，好的比例就产生了，这是指要素之间的比例。但在建筑中比例的含义问题还不仅仅局限于这些，这里还有纯粹要素自身的比例问题，如门窗、房间的长宽之比。有关绝对美比例的研究主要就集中在这些方面。

（2）和谐的比例

和谐的比例可以引起人们的美感。公元前 6 世纪，古希腊的毕达哥拉斯学派认为，万物最基本的元素是数，数的原则统治着宇宙中的一切现象。该学派运用这种观点研究美学问题，探求数量比例与美的关系并提出了著名的“黄金分割”理论，提出在组合要素之间及整体与局部间无不保持着某种比例的制约关系，任何要素超出了和谐的限度，就会导致整体比例的失调。历史上对于什么样的比例关系能产生和谐感并产生美感有许多不同的理论。比例系统多种多样，但它们的基本原则和价值是一致的。

（二）影响空间尺度的因素

1. 人的因素

人的因素包括生理的、心理的及其所产生的功能的因素。它是所有设计要素中空间尺度影响的核心要素。人的因素具体来说又可分为人体因素、知觉与感觉因素、行为心理因素三个方面。

（1）人体因素

关于人体因素，这里要讲的是人体尺度比例，人体尺度比例是根据人的尺寸和比例而建立的。环境艺术的空间环境是人体的维护物或人体的延伸，因此它们的大小与人体尺寸密切相关。人体尺寸影响着我们使用和接触的物体的尺度，影响着我们坐卧、饮食和工作的家具的尺寸。而这些要素又会间接地影响建筑室内、室外环境的空间尺度，我们行走、活动和休息所需空间的大小也产生了对周围生活环境的尺度要求。

（2）知觉与感觉因素

知觉与感觉是人类与周围环境进行交流并获得有用信息的重要途径。如果说人体尺度是人们用身体与周围的空间环境接触的尺度，而知觉与感觉因素则会透过感觉器官的特点对空间环境进行限定。知觉与感觉因素包括视觉尺度和听觉尺度两个方面。

① 视觉尺度。所谓视觉尺度，是我们的眼睛能够看清对象的距离。视觉尺度从视觉功能上决定了空间环境中与视觉有关的尺度关系，如被观察物的大小、距离等，进而限定了空间的尺度。例如，观演空间中观看对象的属性与观看距离的对应关系，还有展示与标志物的尺度和观看距离的关系。

利用视错觉，在建筑上增加水平方向的分割构图，可以获得垂直方向增高的效果。同样地，没有明确分割的界面也很难获得明确的尺度感。

② 听觉尺度。听觉尺度，即声音传播的距离。它同声源的声音大小、高低、强弱、清晰度以及空间的广度、声音通道的材质等因素有关。

（3）行为心理因素

人体尺寸及人体活动空间决定了人们生活的基本空间范围，然而，人们并不以生理的尺度去衡量空间，对空间的满意程度及使用方式还取决于人们的心瞰，这就是心理空间。心理因素是指人的心理活动，它会对周围的空间环境在尺度上进行限定或评判，并由此产生由心理因素决定的心理空间。

人的行为心理因素包括空间的生气感、个人空间、人际距离、迁移现象、交通方式与移动因素五个方面。

① 空间的生气感。空间的生气感与活动的人数有关，一定范围内的活动人数可以反映空间的活跃程度。它和脸部与间距之间的比例有关。

② 个人空间。个人空间被描述为围绕个人而存在的有限空间，有限是指适当的距离。这是直接在每个人的周围空间，通常具有看不见的边界，在边界以内不允许“闯入者”进来。

③ 人际距离。人际距离是心理学中的概念，是个人空间被解释为人际关系中的距离部分。根据爱德华·霍尔的研究，人际距离主要分为密切距离、个体距离、社交距离、公众距离。密切距离的范围为 15 ～ 60 厘米，只有感情相近的人才能彼此进入；个体距离范围为 60 ～ 120 厘米，是个体与他人在一般日常活动中保持的距离；社交距离范围为 120 ～ 360 厘米，是在较为正式的场合及活动中人与人之间保持的距离；公众距离范围在 360 厘米以外，是人们在公众场所如街道、会场、商业场所等与他人保持的距离。

④ 迁移现象。迁移现象也是心理学中的一种人类心理活动现象，人类在对外界环境的感觉与认知过程中，在时间顺序上先期接受的外界刺激和建立的感觉模式会影响人对后来刺激的判断与感觉模式。迁移现象的影响有正向与逆向的区别，正向的影响会扩大后期的刺激效果，逆向的影响会减弱后期的刺激效果。

⑤ 交通方式与移动因素。人在空间中的移动速度会影响人对沿途的空间要素尺度的判断。一般而言，速度变慢时，人会感觉尺度大；速度变快时，人会感觉尺度小。由于这种心理现象的存在，因此在涉及视觉景观设计的时候，人们观察移动速度的不同时会对空间的尺度有不同的要求，以步行为主的街道景观和以交通工具为移动看点的空间景观，在尺度大小上应该是不同的。

2. 技术因素

影响环境艺术设计空间尺度的技术因素主要有材料尺度、空间结构形态尺度和制造的尺度三个方面。

（1）材料尺度

之所以要研究材料尺度，是因为所有的建筑材料都有韧性、硬度、耐久性等不同的属性，超过极限可能会引起由形变导致的材料结构的破坏。这种合理的尺度是由它固有的强度和特点决定的。

（2）空间结构形态尺度

在所有的空间结构中，以一定的材料构成的结构要素跨过一定的空间，以某种结构方式将它们的受力荷载传递到预定的支撑点，形成稳定的空间形态。这些要素的尺寸和比例直接与它们承担的结构功能有关。因此，人们可以直接通过它们感觉到建筑空间的尺寸和尺度。此外，不同材料、工艺和结构特点的结构形式，也会呈现不同的尺度和比例特征。

（3）制造的尺度

许多建造构件的尺寸和比例不仅受到结构特征和功能的影响，而且还受到生产过程的影响。由于构件或者构件使用的材料都是在工厂里大批量生产的，因此它们受制造能力、工艺和标准的要求的影响，有一定的尺度、比例。同时，由于各种各样的材料最终汇集在一起，高度吻合地进行建造，所以工厂生产的构件尺寸和比例将会影响其他材料的尺寸、比例。

3. 环境因素

（1）社会环境

影响环境艺术设计的社会环境因素包括不同的生活方式和传统建筑文化两个方面。不同的生活方式是由社会发达程度和文化背景、历史传统的不同而造成的。而传统建筑文化是受纯观念性的文化因素控制的。

（2）地理环境

各地不同的自然地理条件对空间尺度产生影响。例如，北方气候寒冷，冬季时间长，所以建筑在整体上更加封闭。而中间的庭院则为了获得更多的日照而比较宽敞，整个空间的比例为横向的低平空间。在南方，夏天日照强烈，故遮阳为首要考虑的因素，从而在建筑上将院落缩小为天井，天井既可以满足采光要求，又有利于通风和遮蔽强烈的日光辐射。

第四章　现代环境设计的美学表现

不论何种形式，都可以表现出环境艺术设计的不同美学特征。只有充分理解和掌握环境艺术设计的美学特征，才能使环境艺术设计更好地为人们服务。本章分为设计美学与环境和谐、环境设计的表达形式、环境设计的美学规律三部分，主要包括设计美学概述、设计与人的环境和谐、设计与自然环境和谐、设计与社会环境和谐、环境艺术设计的技术美、环境艺术设计的形式美、环境艺术设计的艺术美、环境艺术设计的功能美以及环境艺术设计的生态美等内容。

第一节　设计美学与环境和谐

一、设计美学概述

在目前我们所看到的各种关于设计美学的解释中，从历史发展的时间角度来看，距离我们最近的莫过于工业时代了。尽管学术界已经提出了“后工业时代”的概念，但是，我们依然处于工业文明的包围之中，这是不争的事实。小到衣食住行，大到城市规划，从物质活动到精神活动，每一件事情都离不开技术的介入，并以产品的形式公之于众。置身于这样的历史阶段，人们在思考什么是设计美学的同时也不得不受到其影响。1964 年，国际工业设计联合会对“工业设计”一词的含义做出了解释：“工业设计是一种创造性活动，它的目的是决定工业产品的造型质量，这些造型质量不但是外部特征，而且主要是结构和功能的关系，它从生产者和使用者的角度把一个系统转变为连贯的统一。”1980 年，国际工业设计联合会根据当时的发展形势，在第 11 次年会上对“工业设计”的定义又做了进一步的解释：“就批量生产的工业产品而言，凭借训练、技术知识、经验及视觉感受而赋予材料、结构、形态、色彩、表面加工以及装饰以新的品质和资格，叫作工业设计。根据当时的具体情况，工业设计师应在上述工业产品的全部侧面或其中几个方面进行工作。而且，当需要工业设计师对包装、宣传、展示、市场开发等问题的解决付出自己的技术知识和经验以及视觉评价能力时，这也属于工业设计的范畴。”

以上解释尽管有详略的不同，但把设计囊括在工业活动范围之内的倾向是明显的。给人的感觉是，仿佛只有在工业活动中才可能出现设计问题，其他非工业的领域则与设计无关。这显然与客观事实不符。因为，在显然不属于工业范围之内的艺术领域少不了设计，就连最普通的农业也不是随意而为的产物，同样需要从业者根据气候条件、地理环境、水文特点、土壤墒情等因素来综合考虑种什么农作物和怎样种的问题。

我们并不想否认设计美学在工业领域的重要性，但在一定程度上来说，没有设计就没有工业，我们不赞成在谈设计美学时将目光紧紧地盯在工业领域。

在现实生活中，不要说工业领域需要设计，农业、商业、军事、外交、企业管理等领域都需要设计。可以这么说，凡是有人的活动及由人创造出来的领域，都需要经过人们的思考和推敲，并打上精心设计的烙印。从结果上看，成功的活动是设计的结果，失败的活动也是设计的结果。如果把人类的历史比喻为一条长河，那么，这条由人类挖掘出来的长河的每一个阶段都是经过设计之后才得以成型，成为人类文明的一部分。由于人们在设计过程中目的有差异，水平有高低，性质有区别，其结果也是千差万别的，这样才使得这条由人创造出来的长河曲曲折折、逶迤向前。

在一般的理论分析中，人们常常注重概念的内涵和外延。具有相同内涵和相同外延的两个概念可以形成并列关系，即一个较大的内涵和较大的外延与较小的内涵和较小的外延可以形成种属关系。前者强调了不同概念间的独立性，后者强调了不同概念间的联系。从这个角度来看，工业设计的内涵和外延明显要比设计小，二者只能是从属关系，即工业设计隶属于设计。以工业设计为基础讨论设计的审美法则，因为两者的内涵和外延都不尽相同，所以将它们放在一起进行论证，必然会陷入“一叶障目，不见泰山”的误区。其内涵和外延的差异，使得我们很难把工业设计的审美规律与设计的审美规律相统一。

由此看来，要想准确回答“什么是设计美学”问题并不是一件容易的事情，除了需要具备像工业设计、环艺设计、视觉传达设计等具体种类方面的知识外，适当的学术立意也是一个重要的方面。尽管窥一“斑”可以知全“豹”，从具体的种类入手也可以了解设计美学的一些基本性质，并形成如工业设计美学、环境设计美学、人体设计美学、家装设计美学等学科。但是，这些仅仅是设计美学的一部分，是设计美学的一般规律在个别现象上的反映，可以指导具体工作，很难提升到理论的高度，很难从整体上来认识设计美学。“斑”尽管是“豹”的一部分，但绝不是“豹”。通过“斑”我们只能知道豹子的皮毛，却不可能知道豹子的习性。要想深入了解豹子的习性，我们还得直接从豹子本身入手。

以设计美学为例，要想深入地把握其中的本质，就不能只从人们所进行的某些设计活动入手，而应当尽可能广泛地审视人类所进行的一切与设计有关的活动。当然，这两种思路都可以有所收获，不同的是，前者寻找到的是人类所进行的某些方面设计的规律，使用的范围有限；后者寻找到的是一切与设计有关的活动规律，使用的范围更加广泛。两者都可以形成设计美学，不同的是，前者只能属于带有专业性质的设计美学，后者才属于一般意义上的设计美学。本着这样的宗旨，可以认为，设计美学是一门研究人类从事具有创造性活动中美学规律的学问。

二、设计与人的环境和谐

（一）生理学环境设计

现代设计主义创始人瓦尔特·格罗皮乌斯常被人当作功能主义的代表，但是他的设计理论中并没有忽略或轻视人的需要。他在《全面建筑观》一书中指出，设计既要考虑功能、技术、机械、构造和经济等要素，又要超乎其上，关注使用者对设计提出的舒适宜人、赏心悦目的要求。这样的设计观念、主张和趋向在现代设计发展过程中逐渐变得明确和更加自觉，并且从具体操作手段和技术上付诸实践，于是导致了一门新兴的跨学科边缘科学的诞生，它就是现代所谓的“人体工程学”。大多数学者认为，这门解决人、人造物、环境三者之间的工效、安全健康、舒适宜人的关系问题的新兴学科，是在第二次世界大战结束之后，在现代设计迅速发展的热潮中形成的。而且它一诞生，便在推动现代设计的发展上发挥了很大的作用，成为现代设计不可或缺的基础理论之一。

人体工程学的研究是为了达到这样的目的，即通过把有关人的科学资料应用于设计过程中，最大限度地提高工作效率和生活质量，有助于人的身心健康和全面发展。

（二）心理学环境设计

格罗皮乌斯曾这样写道：“我认为，建筑作为艺术起源于人类存在的心理方面，超乎构造和经济之外，它发源于人类存在的心理方面。对于现代文明生活来说，人类心灵上美的满足比起解决物质上的舒适要求来说是同等的甚至是更加重要的。”人—机关系在很大程度上也取决于心理因素。设计中研究色彩、形状、空间、光线、声音、气味、材质等人造物和环境因素如何对人的心理产生影响，探讨这些客观因素如何与使用者、接受者的个性气质、情感趣味、意志和行为等主观因素相互作用。设计产品是否宜人、显示装置和操纵装置是否方便有效、人—机关系是否协调，都要从心理反应上来考虑。会场设计要庄重，娱乐场所设计要轻松热烈，学习用品的设计要整洁大方而不宜花哨艳丽，职业服装设计要整体统一而不宜繁杂随便，诸如此类都要考虑心理规律，这样才可能使受众产生认同感。视觉心理学、情绪心理学、行为心理学、想象心理学、个性心理学、发展心理学、审美心理学、管理心理学等知识和研究成果，都有助于我们了解和把握设计的产品对人们心理的影响，从而给设计师提供依据。例如，视觉心理学家告诉我们，视线移动方向一般是从左到右、自上而下，视线的水平移动比垂直移动快，水平方向尺寸判断的准确率高于垂直方向尺寸判断等。这些心理规律对于许多现代设计师来说是有意义的，从工业造型设计、室内环境设计、广告设计到展示设计，设计师常常要依据视觉规律来调整自己的设计方案。根据研究重点放在生理学方面和心理学方面的不同，人体工程学有设备人体工程学和精神人体工程学两个不同的分支。设备人体工程学又叫“传统人体工程学”，侧重于探讨设备的使用者和操纵者的生理标准与人体尺度。精神人体工程学也叫“功能人体工程学”，特别关注使用者或受众的从感觉、知觉到想象、思维、智能、创造力等主观因素。

人的心理极为复杂，任何物质环境给予人的意象和感受都会在他们的情感、心理抑或潜意识中做出反应。正如意大利建筑理论家布鲁诺·赛维在其《建筑空间论：如何品评建筑》中所说：“尽管我们可能忽视空间，空间却影响着我们，并控制我们的精神活动。我们从建筑中获得美感，这种美感大部分是从空间中产生出来的。”现代社会是情感交融的社会，人与人、人与物、人与自然、人与社会等离不开“以人为本”的现代设计理念，更离不开情感的交融。

三、设计与自然环境和谐

（一）设计优化自然环境

生态学本来是研究生物的生存方式与其生存条件和生存环境间的交互关系以及生物彼此间交互关系的一门学科。“生态学”一词“Ecology”源于希腊文，由

“oikos”（意为“住所”“住宅”“环境”）和“logos”（意为“话”“言语”）组成，合起来意思是“住所的研究”，所以这门学科原本就是侧重于环境的作用的。实际上，生态学起源于人口的研究，人也是生物之一，于是人类生态学顺理成章地诞生。美国人类学家朱利安·斯图尔德最早创立了“文化生态学”，将人类所进行的文化创造活动及其产物与围绕他们的生物的、非生物的环境条件的相互关系作为研究对象。文化生态环境是文化生态系统的组成部分，文化生态系统是作为文化主体的人的个体和各种各样群体及环境共同组成的功能整体。现代人文科学中出现了一种生态学的趋向，从目前的情况看，它的确像有的研究者所指出的那样，“在多数情况下这些科学更多地重视环境”。为了促进现代设计理论体系的完善和现代设计的发展，有学者认为有必要创立一门“设计生态学”。设计生态学作为文化母系统中一个子系统的设计，在其相应的存在条件和存在环境中，有着自己发生、成长、适应、进化、盛衰、流传、推广、分化最后终结的类似生态性的变化。设计生态学应当是一门研究设计主体及其设计行为和设计产品与其所处环境条件的相互关系，以及诸设计的存在和表现方式间交互关系的学科，它尤其侧重作为设计主体的个人或群体所处的环境与设计之间的交互作用。无论是作为设计主体的人，还是作为文化行为的设计，都与环境有一种彼此影响的互动关系。

（二）生态环境引导设计

设计生态环境及其影响在许多情况下具有某种相对性。在设计生态自然环境上常常会打上人的印记，如改造过的河川、人工种植的树木等。自然环境与社会环境常常结合且交织在一起对设计起作用，难以绝对区分是哪种因素的作用。例如一个民族传统服饰的形成，总是与其所处的地貌、气候、动植物、环境有关，也与其生产活动、生活方式以及随之而来的观念体系、民俗风情等相关，影响是综合性的。当代设计的许多变化都根源于社会环境与自然环境的相互关系。今天，人类所处的环境正在发生着巨大变化，科技革命、信息爆炸、能源危机、生态平衡破坏、人口猛增、生活环境水准改观、宇宙空间开发……都以不同方式和不同程度投射到设计领域。自然环境与社会环境的相互渗透越来越多。

四、设计与社会环境和谐

设计活动的发生和发展，要依赖设计与生态环境之间经过蕴含着传统的文化中介所进行的物质和精神的交换。一方面，设计活动受生态环境的限制，从生态环境中获取所需要的原料、人力、物资、信息等；另一方面，设计活动将从生态环境中获得的一切创意指导下的艺术加工形成设计产品，又进入生态环境中，促使生态环境发生新的变化，反过来进一步影响设计。因此，设计活动与生态环境的交换生生不息，而且不断地向设计提出与环境相结合的问题。

（一）设计为社会服务

设计应当结合环境，也就是要重视并正确认识环境的特征和对设计的影响，并且以合理的方式，与环境建立起密切的联系。这也可以说是设计本质上具有的结合性。设计的结合性除了考虑环境的要求外，还包含以下内容：尊重文化特点，符合文化精神；进入传统的发展脉络。做到这些，设计才可能促使围绕它的生态环境发生有益的变化，从而逐渐形成一个理想的和谐的“人—人造物—环境”系统，这也是现代设计所要达到的根本目的。提高对设计结合性的自觉意识，正确认识设计与生态环境、与文化、与传统的关系，增强设计与环境相结合的社会责任心，并积极地寻求有创造性的、适当的方式来完成任务。

（二）社会意识催生设计

无论是从整个人类设计发展史来看，还是从现代设计的诞生和成长的历史来看，我们都能清楚地发现环境对这种发生、发展有着不可轻视的作用。设计师任何杰出的个人行为，都是在环境作用下的设计发展历史潮流中涌现出的，然后才谈得上这种行为对潮流起到促进作用。设计是为了改造、美化人的生存环境。从设计活动、产品和设计发展史的角度，我们都能得出设计离不开环境的结论。

近年来，由于经济发展给城市带来越来越多的社会问题，人们逐渐加深了对环境设计的理解，针对城市转型时期出现的各种文化和社会危机，基于社会学角度对环境设计的研究呼之欲出。这表明，作为一个学科，环境设计的学科体系日益健全，出现了如环境社会学等新的学科。环境社会学由起初的人口学者、农村社会学者、城市社会学者、发展社会学者等组成，围绕环境与社会的关系问题展开研究，后来，也吸引了建筑师、景观设计师等的加入，研究领域逐渐扩大到住房与建筑环境、城市公共空间、环境社会影响评估等领域。目前，世界各国都开始对环境与社会的关系问题给予高度的关注。

第二节　环境设计的表达形式

人们对形式的精心选择，是一种策略。形式策略并不仅仅与有关艺术作品或审美对象的个体审美经验相联系，更多的是通过建构一种公共空间来进行思考，也就是在私密的个人空间和公共空间之间孕育崭新的联结方式。公共空间历来由有形的空间（由道路、广场和公共生活元素构成）和隐蔽、不连续又虚拟的空间（由对话和交流构成）组成，城市的公共空间尤其如此。这样的公共空间，在被交往系统和生态限度的相关问题颠覆而发生时空关系革命的时刻，必须去拓展新的期待视野。我们的空间远离理性化目的，建筑在尤尔根·哈贝马斯的公共交往理念之上，是异质、复数、多重的情感共建空间。它不可能被固定在时空之中，而是在实践共同的意图、共享的话语中发展的。这些实践具有手工艺者的技艺特征，因为较少置入景观中，所以进展缓慢而常常不为人所见，并在日常生活中呈现出千姿百态。

如果说在多元论和世界主义的视域中，管理一处环境就是去更新这处环境的能动性，就是使持久性视域中的社会关联活跃起来，那么我们就必须关注能动性，让有关生活环境的价值长期存在下去，必须凭借维护形式本身的艺术来确保这种持久性。构想一种形式，在精神上把这种形式加以具体化，按理想的方式塑造它，通过个体方式和集体方式赋予它以城市方面的权利。这一切都促使人们去不断更新和实现这一形式。根据阿尔弗雷德·诺斯·怀特海的观点，实现一种形式，就是把必要的新元素赋予这一形式与它所转变而成的那个世界的一致性。这些形式是我们世界的形式，由于人类把一部分梦想体现在自己身上，这些形式因此也同样是我们自身。人类对历史传承的重视使代际连续性得以实现，而传承的对象则必然具有审美的特征。被掌握在自身现实性中的各种名称及对象都在传承，僵化不变的状态其实只是纯粹的乌托邦，不能成真。于是，传承回过头来对“感性”加以再次分配，感性通过具有引导意义的游移现象的差别原则发挥作用。再者，这些形式、这些逐渐被纳入风景范围的力量，以特定的分析工具为存在的前提。这些形式往往是随时准备生产其他形式的一些对象。这些具体化的对象或形式会在成型之后，消失于动态环境的变动当中。生产着这些形式的能动性，其各种形态在相互关联中发挥作用。

从这些形式所构成的张力关系来看，它们值得被赋予或强或弱的能动性。所以，这些形式的益处或合理性就取决于其源头处的现实化进程。作为对自上而下构成的力量进行说明的关键，权力的诸多形式重新唤起由权力所设定的特征，就像卢浮宫的金字塔一样。与此相反，大量形式体现出集体行动的目标，甚至恰好显示出这些行动的结果。于是，那些被构成的实体是由能动性赋予而来的，能动性超越并解释这些实体；而这些实体的现实化给予它们一种弹性特征。我们对美学的界定，实际上就是上述工作的结果，使用功能并不先于形式，形式产生于那些在追求满足，追求客观化的过程中发挥作用的崭新的能动性。崭新的能动性被客观化并具备崭新的相互关联性。这些能动性的形式方面与起源过程相联系。联系对象的结果取决于相关的能动性。一方面，政治权力的践行（或通过治理而对技术力量的践行）提升了从日常能动性中产生的对象创造活动的价值；另一方面，对可能存在的能动性进行感知，取代了审美的沉思。除了被欣赏的对象、科学的对象或其他对象认知外，这样的欣赏还以想象为前提。这里的想象是指对被关照对象所付出的“苦劳”的想象，比如，我们面对一条大道，想象它是一种能够让某些物种在其中生存的自然环境。事实上，即便这些认知真的存在，也不总被用来佐证这些问题。在这个意义上，环境能动性带给我们的经验，作为审美情感的源泉和日常创造性的相关事物，就处在我们研究的中心。正如大量实例所表明的，这些革新的能动性回应了人们从未有过的关注。人们通过新的方式去行动和感觉，去发现迄今为止并不可见的相互关联性，来丰富自己的经验。创造性相应于个人与环境的关系，这里所说的个人是对完美的需求中构成的主体。

因此，形式问题策略性地依托对功能的超越观念。从传统观念上看，在任意一种城市规划的主张中，形式和功能往往都是从某种能力之中分离出来的，好像有了一方就可以没有另一方。然而那些实现了其用途的形式，却很好地回应着被具体化的功能。这些形式依赖功能和形式之间关系的综合方式，这是因为，形式也包含交际的方式和反思的方法，甚至认知的方式。人们分析认为，形式的生产时间是在其进程性的主观时刻和集体时刻，而不是以被产出的形式，作为或多或少具有权力的不同机构的象征物而出现的客观性时刻，把知识、交际和自反性纳入关系之中。这并非线性的过程，而是充满了犹豫和摸索。于是，应当鼓励那些以多姿多彩的人类发展整体视像为背景的闪光点。当相关形式是多重的时候，这一视像甚至是复数化的。在被建构得绚丽多彩、错综复杂的行业景象之上，类似的成果像成千上万缕发丝那样复现。审美对象的多变性，只会促进解构管理方面争论的僵化观点，从同一性标准或僵化的、被生产的环境形式规范出发去调整。形式理论能够使人们在怀特海的主张上，从现实性角度来理解这些事件。

第三节　环境设计的美学规律

一、环境艺术设计的技术美

技术美是技术美学的最高范畴，它是通过技术活动和产品所表现出来的审美价值，是一种综合性的美。技术美是工业发展的产物，它存在于人类的劳动之中。技术美的主要内容是功能美，也包括形式美和艺术美。技术美学解决的是人与物质文化之间审美关系的问题，所以它必然面临审美主体与审美客体之间相互作用的问题，这是一种新型的主客体审美关系。技术美作为一门新兴的交叉学科，它是研究物质文化领域中有关审美形态和审美心理的美学。所以我们既要从精神方面来研究美，也要从物质文化方面来研究美。

技术美是人类精神活动的结晶，它是工业时代的产物。在这里，美是与功能联系在一起的，是以有用性为前提的。一把木椅，如果达不到使用的目的，坐着不舒适，即使装饰得再华丽，也是不美的。中国传统艺人有一句行话，即“艺中有技，艺不同技”。这句话说得很精辟，指出了艺术与技术的联系，即绝大多数艺术，都有技术的支持。对技术美的深刻理解不能停留在外在颜色、形态、对称性等感性直观形式上，它有别于对艺术美的非功利关系的鉴赏、观照，而是包含着与人的存在的自然律和伦理规则——趋真、向善、审美有机统一起来。

因材施法是表现技术美的基本原则。各种材料有着自身的性能，例如，石材、木材和钢材所体现与表达出来的形式及意义就具有不同的特质：石材给人以厚重、大气的感觉；木材给人以朴实、天然的感觉；钢材则给人以现代、节奏明快的感觉。这就决定了设计中运用不同的材料，就会有不同的表现。所以，我们在运用这些材料之前，必须知道其特质。因质施材是表现技术美的核心，这里所谓的“质”即内容或功能。要想尽量表现设计中所要表现的风格，就必须根据具体指定的内容选用与之相符的材料，不能张冠李戴。

二、环境艺术设计的形式美

形式美是指构成事物的物质材料的色彩、形状、线条、声音等自然属性及其节奏与韵律等组合规律所呈现出来的审美特性。

从单纯的形式美来说，形式美不依赖其他内容，是一种具有相对独立性的审美意境。但是，环境艺术设计的形式美属于一种依存美，换言之，环境艺术设计的形式美必须与功能美紧密结合。环境艺术设计的形式美，充分体现了设计师的创意和构思，它不是孤立存在的纯欣赏性的概念，而是需要通过一定的艺术设计和技术创作手段及人们的审美意识来完善的。从抽象的形式美到这样一种具体的环境艺术设计形式美的物化过程，也是形式美一个不断发展的过程。环境艺术设计的形式美与其他事物的形式美一样，都应遵循共同的美学法则，即形式美法则。形式美法则是在人类的审美积淀和漫长的社会实践中不断提炼和总结出来的美学规律，人们运用形式美的规律去适应和改造自己的生活，比例、尺度、均衡、统一、节奏与韵律等，这些美学规律也同样适用于环境艺术设计。当然，形式美法则是随着时代的发展而不断变化的，这就要求设计师在遵循形式美法则的基础上，充分发挥主观能动性，从实际出发，将形式美与功能美结合起来，综合分析并灵活运用。

环境艺术设计使物质文明与精神文明紧密相连，人们通过设计来改造生活、改善环境、加强物质基础。在形式美审美特征的视角下，人们对环境艺术设计也有了更为广阔和全面的视野。人们不仅关注色彩、造型、风格等设计要素，而且通过全面的整合来实现设计的完整性和艺术性，以及呈现环境艺术设计的文化艺术内涵。环境艺术设计的目的是满足人们的需要，室内环境风格和形态的发展是无止境的，没有永恒的美，也没有永恒的丑，人的审美在不断变化，环境艺术设计的审美也没有极致和终点。这就要求人们正确认识形式美和审美的关系，以审美为标尺，设计富有形式美的环境艺术设计作品。

（一）形式的基本要素及其美学表现

1. 内形式要素

形式要素由结构、布局和材料三个方面组成。在设计实践中，这三个方面既各自独立又有机统一，每一项都会直接影响到所设计产品的内在功能和外在效果，因此，也有研究设计理论的专家将结构、布局和材料这三个要素称为“内形式要素”。

（1）结构

所谓结构，“是指物质系统内部各组成要素之间的相互联系、相互作用的方式。客观事物都以一定的结构方式存在、运动、变化。物质的结构多种多样，可分为空间结构和时间结构。任何具体事物都是空间结构和时间结构的统一”。这是《辞海》上对“结构”一词的解释，这种解释抽象了一些，也没有直接针对产品设计解释，但是其中蕴含了丰富的含义，完全可以作为我们领会结构在设计过程中重要地位的依据。

（2）布局

《辞海》将“布局”一词解释为“对事物的规划与安排”。从字面上分析，“布局”的空间意义淡化了，延伸拓展的意义加强了。从设计实际来体会，例如在建造房屋时，建筑设计师的思路主要围绕房屋本身展开，关心房屋的高低、开间等结构问题，关心如何能够选择适合这种高低、开间的材料与工艺问题。因为这些问题解决得好与坏，直接关系到房屋的使用效果，同时也直接涉及房屋的外在造型。与建筑设计师相比，规划设计师的着眼点则要开阔得多，不仅要着眼于房屋本身，还要着眼于房屋所在地的周边环境，包括房屋与周边环境的关系。比较起来，同是形式问题，建筑设计师的思路是“点”上的，关心所设计项目本身是否能够“立起来”，规划设计师的思路则是“面”上的，关心所设计项目涉及的范围情况。可见，与向空间发展的结构不同，布局展现的主要是物体的平面效果。

（3）材料

在现实生活中，任何可以看得见的物体都是由一定的材料构成的，没有材料就没有物体，也就不可能有由物体表现出来的结构和布局。在很大程度上来说，在设计活动中，材料是众多形式因素中具有决定性的一个因素，无论是所设计产品功能的发挥情况，还是所设计的产品结构的科学与否，甚至是所设计产品外观的美与不美，最终都要由材料来体现。如果搞设计的人不了解所从事设计领域的材料情况，就等于学驾驶的人不了解汽车的基本性能。由于材料在设计中的意义非同一般，现代设计师对新材料表现出极大的关心与兴趣。

2. 外形式要素

形式要素的表现部分由色彩、线条和工艺三个要素来组成。在设计实践中，这三个要素中的每一项都关系到所设计产品的外在形式，可以直接作用于人的感官。因此，也有研究设计理论的专家将色彩、线条和工艺这三个要素称为“外形式要素”。

（1）色彩

物理学将色彩解释为一种电磁现象。大千世界中的物质都可以对电磁波做出反应，物质的质量不同，吸收和反射电磁波的效果也不同，于是便形成了不同的色彩效果。人眼可视的波长为 380 ～ 780 纳米。也就是说，“客观世界并不存在色彩，存在的只是激发色彩感觉的特定波段电磁波而已……日常生活中的一切物体几乎都不具备自主电磁辐射的能力，但是，它们都不同程度地对电磁波具有波长选择的反射能力，所以使一切物体具有了色感”。这种“色感”带有很强的主观性，可以派生出不同的心理感受，如“红色”使人感到热烈，“绿色”使人感到生机，“白色”使人感到纯洁，“灰色”使人感到沉静，“黑色”使人感到严肃，“黄色”使人感到贵重等。除此之外，“色感”还要受“亮度”和“彩度”的影响。前者指色彩的明亮程度，后者指色彩的浓艳程度。也就是说，在日常生活中，我们除了可以从色相上感受到“红、橙、黄、绿、青、蓝、紫”，还可以在不同的色相中感受到由明亮到黯淡，由鲜艳到素淡的变化。

（2）线条

《辞海》中将线条视为“造型艺术中具有直观特征的表现语言”。在实际生活中，线条又可以分为直线与曲线两种。直线可以分为水平线、垂直线、斜线三种；曲线可以分为波纹线、螺旋线、抛物线三种。总的来说，线条的走向不同，给人的心理感觉也不同。同是以平静为主的直线，水平状态的直线显得平坦、开阔，容易给人以稳定、宁静的感觉；垂直状态的直线显得挺拔、有力，容易使人想到高大、飞腾的事物；斜线在直线中最具动感，或倾斜，或滑动，打破了直线所具有的稳定性。同是以动态为主的曲线，波纹线带有强烈的规律性，在上下起伏中显现出律动，螺旋线给人以强烈的变化感，或升腾直上，或急转直下；抛物线是一种上下跌宕的线性效果，呈现出奔放、起伏的状态。

（3）工艺

《辞海》将工艺解释为：“劳动者利用各类生产工具对各种原材料、半成品进行加工或处理（如测量、切削、热处理等），最终使之成为成品的方法与过程。”也就是说，与色彩和线条相比，工艺不是天然形成的，而是完全由人加工出来的，是设计过程中最能体现人工水平的一个环节。

以往，人们主要关心工艺实际产生的物质效果，比如，工艺的好坏可以直接影响到产品的加工成本以及产品的使用功效。随着社会的进步，工艺可能产生的美学效果也受到了人们的关注。人们发现，好的工艺不但可以提高产品的性能和延长产品的使用寿命，还可以增强产品的肌理和质感，同时也可以极大地增加产品的附加值。

（二）形式美规律在设计中的表现

1. 对称与均衡

一对天平盘通常会用来类比设计中的平衡。就天平而言，重力作用规定了同等重量必须距支点等距放置才能平衡。这种物质平衡的理念被引入了视觉领域。

比如，当人处在一个明显不平衡的环境中的时候，会产生不安的感觉，头重脚轻、一边高一边低，甚至会出现醉意的感觉。

在视觉艺术中，均衡是任何观赏对象都存在的特性。均衡表现在均衡中心两边的视觉趣味分量是相当的。人们在浏览事物的时候是从一边向另一边看去，当两边的吸引力相当的时候，人们的注意力就像钟摆一样来回游荡，最后会停留在两边中间的一点上，这就是均衡的结果。如果把这个均衡的中心加以有意义地强调，会避免视线的游荡，均衡就更容易被察觉，这会在人们的心中产生一种满足和安定的愉快情绪。由均衡所造成的审美方面的满足，即使在最简单的构图中，强调均衡中心也是十分重要的。环境越是复杂，越需要明确地强调这个中心。

对称是最简单的一类均衡。无论是昆虫、飞鸟、哺乳类动物，还是飞机或轮船，都会使定向运动的身体取对称的形式以保持运动的轴线。那么在人类活动的环境以及人造结构中采用对称布局的形式，自然会应用来自自然界的运动类比。环境景观中的对称意味着正式的轴线和对称的结构，轴线两旁的物体是完全一样的，只要把均衡的中心以某种微妙的手法来加以强调，立刻就会给人以一种庄严、安定的均衡感，所以在严肃和纪念性的环境中往往会采用对称的设计手法。

在环境景观中，均衡性是最重要的特性。由于环境有三度空间的视觉问题，这使得均衡问题颇为复杂。但较为幸运的是，一般人的眼睛会对透视所引起的视觉变形做出矫正，所以我们尚可以大量地通过对纯粹立面图的研究，来考虑这些均衡原则。

2. 整齐与一律

所谓“整齐一律”，是指物体表面的结构、布局、材料和色彩、线条、工艺等形式要素之间没有大的差异，具有很强的规整性，呈现出统一的形式规律。这种形式规律的最大特点是易于掌握、效果明显，几乎不需要特别的训练便可以掌握，因此也有学者认为，这种形式美学规律可能是被人类最早发现并普遍使用的。

3. 调和与对比

调和与对比是相辅相成的形式美学效果。调和是将各种不同的形式要素在变化中趋于统一；对比是将各种不同的形式要素在变化中突出差异。由于这是两种比较容易出效果的形式美学规律，因此在设计领域得到了广泛的运用。

4. 比例和节奏

比例和节奏是一“静”一“动”两种不同的形式美学规律，在日常生活中运用得十分普遍。比例是指物品的外在形式组合要具有一定规律性。这种规律主要是指整体与局部，长边与短边，大面积与小面积之间的数量关系。合适的比例是构成形式美的重要保障；相反，比例失调则是设计中的大忌讳。中外历史上都十分注重事物比例，并总结出了不少行之有效的经验。

5. 多样统一

多样统一是形式美的一种综合表现形式。“多样”是指各形式要素之间存在着一定的差异，“统一”是指存在一定差异的各形式要素之间能够趋于一致，形成“你中有我、我中有你”的浑然一体。因此，一些学者也将“多样统一”称为“和谐”。也可以说，多样统一是形式美的最高境界，是指事物中的多种形式要素的相互呼应、渗透，在多样中体现和谐，形成水乳交融、浑然一体、高于变化的美学效果。

在实际生活中，只有积累了一定经验的设计师，才可能将上面所列举的各种形式美的表现法则运用自如，成为自己的独特风格。同样，只有达到一定品位的消费者，面对一件设计作品时，才可以从不同的角度看出对称与均衡、整齐与一律、调和与对比、比例与节奏、多样统一的形式规律，体会出形式美法则的存在与魅力。

三、环境艺术设计的艺术美

“美”是什么，什么东西是美的？蓝天、白云、强烈的阳光、沙石，它是一种风景，太简单了，以至于根本不需要太多的语词来描绘；去过江南的人一定会被它的青山碧水吸引而置身其中；戈壁滩会让你感觉生命就要沉寂下去，太荒凉了，太安静了，让人无法忍受！不，这又是多么的美啊——美得异常伟大。先秦哲学家荀子是中国第一个写了一篇较有系统的美学论文——《乐论》的人。他有一句话说得极好，他说：“不全不粹之不足以为美也。”这话运用到艺术美上就是，艺术既要极丰富地、全面地表现生活和自然，又要提炼地去粗存精，提高、集中，更典型、更具普遍性地表现生活和自然。不得不想到“江山如此多娇”“江山如画”等来修饰，拿它来解释艺术美的问题，“江山如此多娇”至少可以说明现实生活是艺术最生动、最丰富、最美的源泉，而“江山如画”则说明了“艺术作品中反映出来的生活，却可以而且应该比普通的实际生活更高、更强烈、更集中、更典型、更理想，因而更带有普遍性”。因此，“江山虽如此多娇”，但“如画”的“江山”不是更美吗？这就通俗地道出了艺术之美“源于生活”且又“高于生活”的真谛。

元代诗人马致远的《天净沙·秋思》：“枯藤老树昏鸦，小桥流水人家，古道西风瘦马。夕阳西下，断肠人在天涯。”诗人用现实生活中的景物构造成如画的诗句，艺术美包孕着艺术家的灵魂和风格，但艺术家本人就是“社会关系的总和”，他的灵魂就是这种“总和”在精神上的表现。彻底地反封建的鲁迅，不可能出现在曹雪芹时代。嵇康与杜甫的作品，分别打上了各自生活的历史烙印。这就说明艺术美来源于生活，是现实生活的镜子。古往今来，没有一件艺术品不是对现实生活的反映，革命的、进步的都是这样；而反动的、消极的不也是一样吗？只不过分别反映得正确或错误罢了。

自人类社会存在以来，艺术一直是人类生活中不可缺少的一部分。原始先民对自然现象还无法解释，于是宗教艺术产生了，人类的物质生活往往影响到精神生活上的表现，西方人曾对中国传统的书画感到很神秘，非常欣赏。但许多人看到中国书画家的创作过程后，就感到失望了，为什么呢？因为创作的时间太短了，几分钟的时间怎么能创造出伟大的艺术呢？——创作容易，自然就不美。他们不知道，自己是将西方油画的技术标准放到中国画上来了。真正的中国书画艺术，其难度绝不在西方油画之下，他们没有真正地了解中国文化，他们看不懂这些内在的奥妙，看不出一笔后面的功夫！西方油画家花在一幅作品上的时间是中国书画的几十倍甚至上百倍，但是中国书画家花在一幅作品背后的功夫则是他们的上百倍甚至上千倍。中西各有其妙，但不可能用尺子来衡量中国书画强调“写意气韵生动”“传神写照”“迁想妙得”等，是以“应物象形”“随类赋彩”、以形写神为基础的，外师造化，方能中得心源，这就接触到了纯在与意识的关系问题。中国的真正书法家，大多能将中国历史上著名的书法家的字帖默写下来，而且能默写不同风格书法家的字帖，如此写了几十年之后，才能获得书写自由，才能独成一家。中国的国画家也是这样，他们的专业训练也包括模仿前人的画，模仿前人怎样用笔、落墨、造型，模仿几十年之后，自己再结合对生活和人生的感悟，才能独创一派。这样，对中国书画家来说，在他落笔的几秒钟时间内，其墨色浓淡、线条结构等，所展现的都是他几十年的功力。中国书画家在评论同行的作品时，都是能看出这个人写了多少年，画了多少年，甚至读了多少书的。这就是艺术家通过临摹对传统的书法再现的一种方式，有了深厚的基础时才表现自己的个性，这是对现实生活的反映，是“再现”与“表现”的统一。

艺术来源于生活，是对现实生活的反映，而忽略艺术对现实生活的反作用了。车尔尼雪夫斯基也重视艺术源于生活，再现生活，以及改造生活的作用，而他也在一定程度上忽视了艺术家反映生活时的主观能动作用，他还不理解艺术家对生活的反映是“再现”与“表现”的统一。

西汉名将霍去病的墓前石雕所作极为特别，造型不像秦朝的写实，中间用了不少夸张手法，一大块石头，自然的本色都被加以利用了，所用技法有浮雕，也有立体雕。西方人前去参观，莫不异口同声赞叹，认为这是非常现代的一种表现手法。实际上，在中国人的心目中，它是一件非常古代的美术作品，是一种古老的艺术表现手法。

艺术中的“美”绝不是一个平面的、单一的概念。传统的形而上思辨美学，将艺术美视为美的一个流动范畴，艺术是美的世袭领地，传统艺术如此，现代、后现代艺术同样如此。我们总不能希望玫瑰花和紫罗兰发出同样的香气吧？最丰富的东西为什么要嵌在一个模子里呢？艺术美中的欣赏基本是静穆的观照，这种观照也可以说是一种精神上的交流，当然作为客观物体的艺术作品本身并不都是人，但是正如我们所说的，它们作为人的创造物必然渗透着创造者的思想情感。欣赏者与艺术作品的情感交流，一方面是欣赏者自己情感的投射，另一方面，欣赏者也接受欣赏对象的情感激发和思想启迪。试想老奶奶在看越剧《红楼梦》时，哭湿了好几条手帕，还舍不得离开，这不是花钱买哭也心甘情愿吗？这种欣赏模式在瓦西里·康定斯基的名著《论艺术里的精神》一书中得到过阐发，康定斯基将这个双向反馈的过程概括为，感情（艺术家的）—感受—艺术作品—感受—情感（观赏者的）。自然，欣赏者不是单纯被动地接受艺术作品的情感激发，事实上他是一个主动的情感探索者，他欣赏时的情感倾向是影响艺术品情感效应的主要因素。

这些都展现了人类对“真”“善”“美”“自由”的追求，只有坚持这个理念，美学才有更大的突破，才不会被传统的思维束缚，也只有这样，人类的审美观念才会不断提高，这样又助推了社会前进的步伐。

四、环境艺术设计的功能美

功能是进行设计的主要目的。包豪斯的设计思想第一点便指出，设计的目的是为人，是满足人的各种需要。马斯洛又告诉我们，人的需要是有很多层级的，从低级的生存需求到高级的自我实现需求，涵盖了人类的各种物质需求和精神需求，所以功能也是有多个层级的。

在设计中注重功能并不是现代人所独有的，早在人类造物之初，这一思想就已经成为设计的基本思想了，先秦时期的诸子学说和古希腊古罗马时期的哲学论辩中已深入研讨过，成为功能主义的先声。不过功能主义思潮的涌现是现代设计发展的产物，对现代设计和现代设计美学有着特殊的意义。

功能是指对象满足需求的属性，在环境艺术设计中的功能则是指设计对象内在的物质基础必须具备的现实的实用价值。功能美是技术美的主要内容，在环境艺术设计中，最基本的目的是满足人类生活的需求，即满足人们对功能的需求。设计师必须把人对环境的需要作为设计的第一目的，在符合功能需求的前提下进行功能设计。

环境艺术设计中对审美的追求历来都有很多，功能美是其中最基本的审美特征。环境艺术设计需要以人为本，从实际出发，需要综合考虑人文、环境、社会、科技、经济等多个方面的因素。环境艺术设计需要满足人们物质和精神两个方面的需求，只谈物质需求而不谈精神需求则过于呆板，只谈精神需求而不谈物质需求则过于缥缈，将这两个方面相互融合、协调发展是最优选择，在此基础上阐述的功能美则更加科学合理。此外，环境艺术设计中还应高度重视艺术与科学的融合。社会的发展、科技的进步、人们的价值观和审美追求的提升，都是影响环境艺术设计的重要因素，这些因素的不断发展，促使环境艺术设计必须重视和运用现代科学技术以创造具有功能美和感染力的空间环境。

现代的设计活动存在着强烈的目的性。从人能通过有目的地制造开始，艺术层面的需求也随之而来。精神的愉悦和思考常常戴着艺术的面纱出现，而这些都同人在与艺术交流的过程中才能让人有所领悟并获得精神的升华。

因此，现代设计无论如何都脱离不了艺术的元素，而且审美的规律、欣赏的心理思维规律都部分地作用在设计的作品中。有学者认为，本来以实用性为目的的产品若是能够在发挥功能的同时体现一定的秩序和规律，就完全可以形成一种“独特的美”。可见，物品在本质上是非美的，其根本目的是有用，而非审美，但是，实际上美的范畴已经扩大了，它不是一个纯粹客观的概念，它涉及存在的客体和受众以及发生审美的心理与过程。

现代的高技术功能要通过产品设计来实现，使用功能是产品的特定用途，这些用途是要通过具体的设计来体现的。心理功能包括产品样式、造型、质感、色彩等，也就是功能美，体现为豪华感、现代感、视觉美感等。“水晶宫”和埃菲尔铁塔在建筑史和设计史上享有重要的地位，不仅因为它们突破了当时传统的建筑式样，还因为其裸露的钢架的严谨的力学结构，这些都反映了有效的秩序和有韵律感的结构。这些要素符合美的规律而转化成一种“功能美”，表现在合理性和构成的质感上。

构成主义早期的作品，正是在裸露的结构中寻找动势空间美的，主张一种非量感而重动势的艺术观。功能美并不是与艺术美的标准完全重合的，它常常与纯功能性的愉悦相关。这里，产品使用的便利性已经融入对“美”感的综合体验当中，只有当功能的目的实现以后，作为支撑某种功能实现的结构和系统才可能成为功能美存在的基础。人造物的形式不是与功能相脱离的，没有相应的合理而有效的形式是不能很好地满足表达内容的要求的。当今社会的艺术设计，包括产品、包装、书籍装帧、建筑物等，其对形式的多样及完美的应用有着很高的要求。好的产品设计和包装首先在形式上征服了受众的心，然后人们通过使用，在这个过程中能够更加了解形式在发挥功能的层面上起着多么重要的作用。好的形式无论是对人的感知还是对人们对产品综合的判断，都有着相当大的影响，人们就是通过对形式的认知来判断产品的优良的。这里，功能与形式起着共同的作用，构建了一个复杂的语言系统，而设计的语汇便大多来自形式的元素。

对于人造物而言，形式是指视、听、触的感觉实体，是内容存在的方式。而人造物的内容，一般是指有用性，即“功能”，所以形式就是以实现有用性为前提的结构形式。“功能决定形式”或“形式追随功能”就反映了功能的目的性和形式的依赖性。然而形式却具有相对独立的特点，并不绝对依赖内容。在功能美中，支持功能的结构和秩序都由一定的形式表现出来，功能的效用是通过形式的语汇传达给受众的。需求和审美的关系在产品中表现在使用价值和审美价值的界定上，而现代设计观念极端重视这两者的统一，只强调功能主义和唯美主义的哪一方都是有失偏颇的。

形式似乎能够把使用价值和审美价值在某种范围内统一起来。因此，形式美不仅仅是审美的问题，它是设计语汇的元素，是传达交互的载体。形式，可以总体地理解为“尺度、均衡、节奏与和谐等理智术语。但形式原本是直觉的，它并非艺术家具体实践活动的理智产物”。“尺度、均衡、节奏、和谐”等术语是对形式内容的概括把握，而形式本身却是由线条、色彩、结构等基本元素构成的，它们的构成规律是有章可循的。

五、环境艺术设计的生态美

（一）生态美的基本概念

生态美学是生态学与美学的有机结合，它以生态学的理论和方法来研究美学，是一种新的美学理论形态。生态美学是生态学在美学领域的集中表现。

生态学是研究有机体和自然环境相互关系的一门学科。生态美学将美与人类生存于其中的生态环境的关系作为考察对象，体现了人类主体对生态系统的美的创造。对于生态美学，目前有广义与狭义两种认识。狭义的生态美学着眼于人与环境的生态审美关系；广义的生态美学从人与自然的审美关系出发，涉及人与社会、人与自身等多种审美关系，是一种有关人与自然生态以及社会生态和谐共生的美学观。

生态美学研究的内容包括自然生态系统内部的联系、生态系统与人类社会的关系、人与自然的审美关系、生态意象的审美构建和审美价值系统等。这些内容既包含了人类和自然生态系统内在的规律性，还包括了生态系统表象的特点、生态系统内在的合目的性以及人类的审美理想与生态环境的统一等。

生态美学广泛地触及社会、文化、心理、经济等方面的因素，是一门具有强烈的人文关怀的新学科。作为主体的人类在对生态系统的改造中，不仅会不断地使用各种新的科技手段，还将人类的情感注入其中。

（二）生态美的设计内涵

1. 人与自然的共生

生态系统由各事物之间的有机联系组成，这种联系使得人与环境各要素相互包容、共生共存。生态美观念立足于人与自然的相互主体性思维上，在侧重保护自然的同时，按照美的规律创造，促进保护与开发的双向互动，保护和重构人与自然和谐共生的审美关系。生态美观念在肯定物种生存权利的同时，并不抹杀人与自然的差异，人有着不同于其他生物的社会性、文化性和能动性。人的主观能动性建立在遵循自然的基础上，不可能脱离自然、逾越自然。环境设计的过程一定要树立"有限主体"的意识，人的行为活动始终受大自然的制约，在遵循自然的基础上发挥主体性，在"有限的主体"意识下完成对环境的创作设计。

人与自然的共生遵循自然规律的有序、有效、高层次、优化型开发，赋予自然更多的人文内涵，把人的本质力量与自然魅力有机地统一、融合、升华，让人们在保护与开发的双向互动中领略大自然的神奇和人类力量的强大。

2. 人与环境的和谐

生态美注重审美主体内在与外在的和谐统一。这种人与环境和谐的理论被广泛地应用于环境设计当中，体现了不同生命之间相互依存、相互联系的共生关系。

人与自然的和谐包含了人类在设计创作过程中对自然的重新感知与绿色设计理念。在环境领域，人与环境的和谐以生态为先导，不仅是满足人们视觉美感、精神享受和身心健康的有效途径，也是实现人与自然环境、美的形式与生态功能真正全面融合的有效手段。

3. 人工环境与自然环境的平衡

要想实现人工环境与自然环境的平衡，一方面，环境设计创作要以自然环境为基础；另一方面，要对自然资源加以合理利用。在生态美观念的影响下，环境设计的重要任务是树立人与生态环境共生共存的观念，从以人为主体转变到将优先权赋予生态环境。生态美学中的动态平衡理念认为，事物的发展变化是一个动态平衡的过程，人类依赖大自然而存在，对大自然的索取也应当遵循生态环境的动态平衡，取之有度，用之有节。因此，在人类的环境设计过程中应多选择使用率较高的产品并重复利用，尊重自然的规律，考虑生态环境的可持续性、美观性和可承受性，做到适可而止，强调人工环境与自然环境相互依存的平衡关系，维持自然界的生态良性循环，促进整个环境系统的平衡发展。

（三）生态美的设计原则

1. 自然原则

尊重自然是现代科学发展与环境科学发展的普遍认识。

在现代环境设计中，人对环境的改造以尊重自然为前提，基于生态美的自然设计原则更多的是强调人与自然的和谐与关联，以及自然作为环境系统的重要组成部分，与人类紧密联系、有机统一的设计意识。

将自然元素通过艺术创作和设计手法引入环境中。秉承自然原则，将人工环境与自然之美紧密融合，带给人们视觉享受及精神愉悦感，打造人与自然和谐共生的环境体系。

2. 绿色设计原则

绿色设计作为全新的方法论，着眼于人与自然的和谐发展。其根本问题是，在地球资源有限、净化能力有限的情况下，减少人类活动给环境带来的危害，倡导在设计的每一个环节都要充分考虑环境效应，尽可能减少对环境的污染和破坏。

绿色设计原则的主要内容具体可以归纳为以下六个方面，即研究原则、保护原则、减量化原则、回收原则、重复使用原则和再生原则。绿色设计原则对环境设计的影响，包括研究环境对策，最大限度地保护环境，避免污染，降低能耗，运用生态材料，回归低碳环保，创造出和谐生存的环境。

绿色设计作为一种全新的设计理念，顺应时代潮流，以自然为绝对主体（环境始终受大自然的制约），着力于实现环境的功能需求与环境可持续发展需求的统一。

3. 可持续原则

联合国环境规划署在 1989 年 5 月通过的《关于可持续发展的声明》中指出，可持续发展意味着维护、合理使用并且加强自然资源基础，意味着在发展计划和政策中纳入对环境的关注和考虑。随着经济社会的发展，自然资源的过度耗损及其导致的环境污染与生态破坏，已对人类的生存与发展产生严重的影响。自然资源的有限性已成为人类可持续发展的关注点。自然资源包括土地、水、海洋、矿产、能源、森林、草地、物种、气候和旅游十大类，这十大类自然资源又可分为可耗竭资源和可再生资源两大类。可持续发展，必须重视可耗竭资源的合理开发、节约利用。在环境设计过程中，对设计材料的选择应考虑其性能和使用率，降低人们对能源的开采和使用，减少垃圾废物的产生和排放量，实现可持续发展，维护和改善人类赖以生存和发展的自然环境。

环境是一个综合体，它以某种方式与其中的人及其存在场所紧密相连。从设计角度出发，人及其行为都是整体环境的构成部分，环境和人的创作及生活是紧密联系在一起的。可持续设计不单单是对资源可持续的规划与设计，更是对人与人的社会关系、代际关系，以及人与自然环境之间的整体利益的深度思考。

（四）生态美与环境艺术设计

人与自然协调论认为，人是大自然的组成部分，人与自然是平等的，在大自然面前，人类的一切所谓征服胜利其实是人与自然共同创造的结果，人与自然的关系应协调在生态系统承受的范围之内。这一学说源于人类面临现在的生存危机而重新考虑大自然价值的基础上。这一观点主要表现为两种论点：一种是伙伴论，认为人与自然是平等的，人类应该放弃人类中心主义，作为伙伴，人类应该充分尊重自然，认识到自然有保护自己平衡、洁净的权利。人类污染景观、肆意砍伐森林就是侵犯自然的权利，是不道德的。另一种是共生论，共生论是受生物种群间的互利共生关系的启发，追溯人类发展经历的阶段，认为人类初期的开采生态景观建立在人与自然协调论和生态人文论等正确的人与自然关系理论基础上。生态景观的保护特色决定了与生态景观有关的人均需具备或培养正确的人与自然关系的观点并付诸实际。生态景观者与传统大众景观者最大的差异是景观意识。

传统大众景观者只注重享受自然而不注重保护自然，其景观意识较差。在景观地景观者随地扔垃圾是司空见惯的事情，而生态景观者具有较高的景观意识，十分珍视大自然，把自然视为朋友，同样是到大自然中，他们能从享受大自然中认识到自然演化至今的不易和生物物种的平等权利，把保护自然视为一种自觉行为，并且能从大自然中陶冶自己的情操，获得较高的景观精神享受。当然，绝大多数的生态景观者需要经过培养才具备这种素质和修养。生态景观开发者应该有人与自然共生的正确观点，成功的生态景观开发除了具有较高的开发水平，还需要开发者具有人与自然关系的正确观点。开发设计者要尊重自然的自身价值，具备人与自然共生论的观点，努力寻找人与自然互利共生的结合点，设计出人与自然共同创造的和谐的生态景观，而不是把自己的意愿强加于自然，破坏自然的和谐美。开发设计者要尊重大自然给予人类的经济价值，充分认识生态景观资源的经济价值，把大自然经过几十亿年创造形成的资源的经济价值纳入成本核算中，精心对待自然。开发设计者应严格按照生态设计方案，在具体建设过程中善待大自然，使开发出来的生态景观产品真正是人与自然协调的产品。

生态景观管理者要注重保护自然，合格的生态景观管理者也应具有较高的景观意识，要充分认识自然景观对景观活动的忍受限度，避免景观超载而产生的影响、损伤甚至破坏景观的恶果，而不应该只顾眼前经济效益，任景观区长期超载，影响景观资源和景观的持续利用。生态景观管理者还要积极想办法，避免景观区的景观污染，尤其是垃圾成堆的视觉污染，使大自然平衡和洁净的权利得以保护。传统观点认为，美是艺术家的事业，对大众来说，美似乎是一种奢侈，与人的直接生存无关。但当全球景观污染、景观质量退化、一江春水变成滚滚的浊浪、蔚蓝的天空笼罩蔽日的烟云、家居四周遍布恶臭的垃圾时，美的存在不是与生活密切相关吗？人与自然有着共同的生存命运，自然景观的恶化难道不意味着人类的生存危机吗？在此，自然的美成了人类生存的基础，人类为了自己的生存，就应该恢复已经钝化的美感，努力追求与自己生存休戚相关的生态美。

生态美是建立在生态人文观基础上的一种崭新的具有生态哲学意义的美学概念，是生态文明社会中人类的一种共同美学追求，具有与自然美本质上差异的美学特征。在生态景观活动中，无论是景观者、景观开发者还是景观管理者，均与生态美息息相关。生态美是在自然美的基础上，在人类对自然价值重新认识的基础上产生的美学观点。自然界的蓝天白云、红花绿叶、江河海湖、飞禽走兽无一不充满着美，人们对自然价值的认识不同，则产生不同的美学观点，有着不同的美学感受。人类中心论者认为，人类是自然的主人，自然的一切包括美都是为了人类，如果没有人，自然的一切包括美将会失去意义，失去价值，这便是工业文明时代大众所持的美学观，称为自然美。而生态人文论则认为，人与自然是平等的，自然并非只为人而美的，自然有自身的美学价值，而且它的美往往与生存紧密联系。

人类在欣赏自己的建筑物时，怎知蜂房、蚁穴、鸟巢、野兽的兽穴对于它的建筑者来说不美呢？当人类陶醉在为了共同的崇高目标齐心协力，不惜牺牲宝贵生命的精神美时，人类是否能感受到动物之间，通过自己的信息交流，进行着有条不紊的、齐心协力的抵抗外敌的美呢？当沉浸在自己创造的音乐美中，人类是否认识到鸟鸣、蛙叫甚至狼嚎于动物本身是一种美呢？人类不但没有权利否定自然的自身美价值，而且还可以从中得到新的美学感受，这就是生态美的认识出发点。生态美包括两大类，一类是自然生态美；另一类是人文生态美。

自然美中众多的生命与其景观所表现出来的协同关系及和谐形式称为自然生态美。自然生态美是由自然界长期演化创造的美，是大自然的产物。但是，自然生态美还不是生态美的全部，生态美还包括人遵循自然规律和美的创造原则，与自然共同创造的人与自然和谐的人文生态美，如人类借助生物学的繁殖技术，将全球具有观赏价值的花卉植物集于一园，人类能够修建人与自然和睦相处的生态园林、生态城市，使自然生态美在人的创造后更加完善。总的来说，生态美是充沛的生命与其生存景观和谐所展现出来的美的形式。

第五章　现代环境设计的方法

为了使环境设计的工作顺利进行，必须要确立科学、规范、合理的程序和方法，才能保证现代环境设计工作的高效运行。本章分为环境设计的基本程序、环境设计的基本方法两个部分，主要包括设计筹备、概要设计、设计发展、施工图与细部详图设计、施工建造与施工监理、用后评价与维护、环境设计的方法分类和环境设计的一般方法等内容。

第一节　环境设计的基本程序

一、设计筹备

（一）分析设计要求

1. 使用者的功能需求

分析使用者功能需求的重点是对该人群进行合理定位，了解设计项目中使用者的行为特点、活动方式以及对空间的功能需求，并由此决定环境设计中应具备哪些空间功能，以及这些空间功能在设计方面的具体要求。

2. 使用者的经济、文化特征

分析使用者的经济、文化特征的原因在于，环境艺术设计还应满足人们的精神需求。

3. 使用者的审美取向

使用者的审美取向，是需要设计者重点把握的内容。在进行审美取向的分析过程中，应当以视觉感受为主，具体应考虑到以下方面：①对空间的具体划分布局；②与光线相关的美学问题，如光环境是怎样的，灯具需要怎样的造型；③与家具有关的问题，如室内的家具是怎样的造型、选择什么样的色彩及材质；④室内在总体上的陈设风格及色调。对使用者审美取向的研究可以满足目标客户的需求，使其对设计的满意度极大地提高，不同人群有着不同的对美的认知和理解，而对其有一个很好的把握，可以更好地满足其审美需求，而这种理解和把握也并非设计师漫无目的的迎合，而是以其为依据设计出符合其审美要求的设计决策。

4. 与客户进行良好的、有效的沟通

与客户进行沟通，对于设计者而言十分重要。在沟通与交流的过程中，客户会表达出自己的想法与喜好。这样一来，设计者就能更加了解客户的信息，有利于后续工作的顺利进行。与客户沟通是环境设计的第一步，也是十分重要的一步。与客户先进行沟通，对客户的爱好要求加以合理的配合与引导，对客户的设计要求进行详细确切的了解。其内容包括环境设计的规模、使用对象、建设投资、建造规模、建造环境、近远期设想、设计风格、设计周期和其他特殊要求等。调查过程中要做详细的笔录以便通信联系，商讨方案。与客户接触的方式有很多种，可以采取与甲方共同召开联席会的形式，把对方的要求记录下来。联席会有可能要进行多次，而且每次都必须要把更改的内容记录下来，这些成果可以同客户提出的设计要求，一同作为设计的依据。如果有必要，商谈设计费用并达成初步协议，以避免日后误解而引发诸多合作上的问题，甚至引起法律诉讼问题等。

5. 客户的需求和品位

在项目设计过程中，在与客户进入了深入和全面的沟通后，设计者应对在沟通中所获得的相关资料进行详细而客观的分析，具体来讲大致包括分析开发商的需求和分析开发商的需求品位两个方面的内容。在分析开发商的需求时，应注意以下两个方面：第一，通过沟通，分析出开发商对该项目的商业定位、市场方向、投资计划、经营周期、利润预期等商业运作方面的需求。第二，通过沟通，分析投资者对项目环境设计的整体思路和对室内外环境设计的预想。此时，设计师将以“专家”的身份提出可行性的设计方案，该设计方案需要兼顾项目的商业定位和室内外环境设计的合理性及艺术性原则，还需要考虑到投资者对项目环境的期望，包括对项目设计风格、设计材料、设计造价的需求。此外，投资者还要分析开发商的需求与品位。如今，每个行业都热衷于提及“品位”一词，故而它已成为一种潮流。而品位多与一个人的内在气质有着极其密切的关系，从某种角度来讲，品位也是一个人内在道德修养的外在体现。在对开发商的需求与品位进行分析时，要注意的是，不能仅仅对其“本人”进行分析，否则会过于片面，还应当通过沟通来感受投资者乃至整个团队的品位，从而对其在设计项目上的欣赏水平有一个很好的判断和把握。这还不是最终的目的，设计师在对开发商的欣赏品位有一个把握之后，还要对业主的环境期望有一个很好的分析。这就要求设计者对整个项目的定位与开发商的主观意识之间有一个必要的协调，尤其是当开发商或投资者的主观意识与整个项目定位相偏离时，最终保证以自己的专业设计技术来实现更高的环境艺术设计标准。在整个调研过程中，一方面，设计者要考虑投资者的要求，尽最大的努力满足其对项目环境的设计要求；另一方面，设计者应该以积极的态度去对待，要对最终设计实施的可行性与可能达到的效果进行科学而客观的分析。当投资者的意愿与设计效果的最终实现出现矛盾时，设计者应当首先对投资者的意见和建议给予充分的尊重，然后以适当的方式提出合理化建议。

6. 设计任务书

在环境艺术设计过程中，功能方面的要求在设计任务书中起着指导性的作用，通常而言，包括图纸和文字叙述两个方面的内容。设计任务书在详尽程度方面要以具体的设计项目为依据，但无论是室内的环境艺术设计还是室外的环境艺术设计，任务书所提出的要求都应包括两个方面的内容。第一，功能需求。功能需求包括许多内容，如功能的组成、设施要求、空间尺度、环境要求等。在设计工作中，除遵循设计任务书的要求外，还一定要结合使用者的功能需求综合进行分析。另外，这些要求也不是固定不变的，它会受社会各方面因素的影响而产生变动。第二，类型与风格。同类型或风格的环境设计，具有不同的特点。设计者应紧紧围绕环境的特征来进行环境艺术设计。

（二）收集信息

场地调查、资料收集场地调查即现场踏勘，是环境设计具体工作的开始并且是一个关键的步骤，其目的是获得设计场地的整体印象，收集相关资料并予以确定，特别是对场地周边环境整体的把握、尺度关系的建立、风格风貌的构想等，必须通过现场体验才能够获得。实际上，有经验的环境设计师常会发现，一个有特色、符合场地特征的优秀环境设计方案的初步构思往往是在现场形成的。

场地的资源包括物质资源和非物质资源两大部分，也可分为场地内部环境资源和场地外部环境资源两个方面。任何一个场地都不是孤立存在的，它与其周边的环境存在着或多或少的、各种各样的关联，要全面地了解资源情况，调查时就不能仅局限于场地内部，不能就场地论场地，基本的调查应包括场地内部环境调查、外部环境中的物质资源和非物质资源调查。

在开始调查前，应该做好必要的准备工作，对于需要收集的资料事前应该有一份资料清单。其中，详细准确的地形图是最基础的资料，不可缺少。应根据项目的具体情况确定比例。地形图上一般标示了如坐标、等高线、高程、现状道路、河流、建筑物、土地使用情况等信息。适宜的地形图便于我们方便准确地进行场地调查，在现场调查中，应对那些地形图上未明确或有变化的现场信息进行补充，配合现场照片或录像，以便进行分析。对于大区域的规划，最好能获得航拍或卫星遥感资料，通过地理信息系统技术进行辅助调查、设计，将更有利于工作的开展。

在场地调查过程中，有些规划设计的条件以一种“隐性”的状态存在着，如地下的市政管网设施条件、城市今后发展对场地环境条件的影响、土地利用及设计的条件限制、外部交通及出入口限制、场地所处地段历史文化条件的可利用性及限制要求等，这些条件一般可以在城市规划和建设管理部门获得，有的则需要对场地周边地区进行更详尽的考察和体验。获得的各种资料应当汇编成一个有条理的基础资料档案，并需要保持完整和不断地补充、更新。

场地调查过程并不是一次性的，在以后的规划设计过程中，很可能还要多次回到现场进行补充调查。现场调查要做到尽可能全面，尤其是在不方便多次进入现场时，更应当尽可能全面准确地记录下现场的资源情况。

（三）分析基地

无论是人为的基地还是自然的基地，都或多或少具有自己的独特性，一方面给环境设计提供了机会，另一方面也给环境设计带来很多限定条件。从基地的特点出发进行设计，常会创造出与基地协调统一、不失个性的设计作品。反之，如果设计者对基地状况没有深入地了解和分析，在设计中就会遇到一些问题和困难，设计很难成功。因此，基地调查与分析是环境设计与施工前的重要工作之一，也是协助设计者解决问题的最有效的方法。影响基地调查与分析的因素主要有以下四项。

1. 自然因素

每一个具体的环境艺术设计项目都有其特定的所在地，而每一个地方都有其特有的自然环境。在开始进行设计前，设计者需要对项目所在场地及其所处的更大区域范围进行自然因素的分析。例如，当地的气候特点，包括日照、气温、主导风向、降水情况等，基地的地形、坡度、原有植被、周边是否有山、水自然地貌特征等，这些自然因素都会对设计产生有利或不利的影响，也都有可能成为设计灵感的来源。

2. 人文因素

任何城市都有属于自己的历史与文化，形成了不同的民风民俗。所以，在设计具体方案之前，设计者必须对所在地的人文因素进行调查与深入分析，并从中提炼出对设计有用的因素。

3. 经济、资源因素

经济增长的情况、经济增长模式、商业发展方向、总体收入水平、商业消费能力、资源的种类和特点以及相关基础设施建设的情况等，是分析项目周边经济、资源的主要因素。

4. 建成环境因素

建成环境因素包括项目周边的道路、交通情况、公共设施的类型和分布状况、基地内和周边建筑物的性质、体量、层数、造型风格等，还有基地周边的人文景观等。设计者可以通过现场踏勘、数据采集、文献调研等手段获得上述相关信息，然后进行归类总结。这一步骤十分重要，必须认真进行。而建成环境的分析主要是指对原建筑物现状条件的分析，包括建筑物的面积、结构类型、层高、空间划分的方式、门窗楼梯及出入口的位置、设备管道的分布等。显然，应深入地分析原环境，只有这样才能少走弯路，使方案的可实施性得到提高。

另外，基地分析中还涉及所有者对基地的具体要求、经费状况、材料运用等多重因素。在完成基地与环境调查分析与基地实地测量，并绘制好相关的基本图表后，在分析归纳所有者的主要需求与设计者的理想构思之后，应整理出一些设计上应达成的目标与设计时应遵循的原则。

（四）设计构想

设计构想应尽量图示化，设计构想中最重要的就是专心分析环境的技能关系，思考每一种活动之间的关系，如空间与空间的区位关系，使各个空间的处理与安排尽量合理、有限。设计构想可细分为理想技能图解—基地关系技能图解动线系统规划图—造型组合图。构思阶段除了借用图示思维法外，还可以运用集思广益、形态结构组合研究等方法进行操作。

信息分析、方案构思如前所述，第一次进入设计场地时就会对现场有一个基本的印象，这时结合设计目标的构想也同时在闪现，过去的经验在一定程度上会有助于快速构思。当然，这些都是结合现场实际的最初步构想，往往是直觉的、模糊的、不完整的，甚至是破碎的、分离的，虽然在以后的设计过程中有可能被彻底修改或者被摒弃，但获得快速的设计印象，迅速进入设计角色，对方案的最终形成是必不可少的环节。这对每一个设计师来说都是一种必需的训练。

在对场地资源信息进行了全面的、系统的收集后，接下来的工作就是对已获得的信息进行整理分析，其目的是保证设计工作的有序进行。设计者应对所有与场地设计相关的资源条件进行客观的、准确的分析，在分析的过程中不回避存在的问题，对有利条件和不利条件进行逐一梳理，找出主要问题之所在。在分析中对主要的限制条件应该进行重点研究，"瓶颈"问题有时在一定程度上限制了设计的多种可能性，甚至影响到项目本身的发展，但"瓶颈"问题的解决，有可能孕育出具有独特性的景观设计作品。对在分析过程中发现的资料问题，设计者应及时进行补充、更新，包括对场地的新的踏勘调查。分析工作的结果应包括：概述；目标及实现措施；项目组成及其相互关系；项目发展方向性草案；初步指标。

在方案的构思阶段，创造性的思维与场地的资源相结合十分重要。设计者应该辩证地看待场地的资源条件，应尽可能做到因势利导、因地制宜，充分利用场地内一切可利用的资源。具有这个场地特征的景观才是有别于其他场地的设计，也才具有可识别的特色，成为独一无二的或者独具特色的设计。随着思考的累积，各种各样的设计灵感可能随时会迸发出来，设计者必须迅速地记录下那些转瞬即逝的思路。这时，快速的表达显得非常重要。快速表达的方式可以是线条，也可以是一个符号……不管用什么方式，一定要把想到的记录下来，并且在以后看到时能够回忆起来。

各草案都应对场地的系统，如交通系统、土地工程系统、市政管网系统、种植绿化系统、标志导引系统等提出明确的设计意图。草图要保持简明性和图解性，以线条、图形、符号、文字、色彩等方式，尽可能直接阐明与特定场地相关的构思。在全面思考并处理各系统之间关系的基础上，使整个场地系统成为功能协调的整体系统，满足项目的发展需要，并与场地外部的城市系统或外部大系统之间有效衔接。

在大型项目或复杂项目里，建筑师经常作为紧密协作的专业设计队伍中的一员，这个工作队伍中有规划师、建筑师、工程师、艺术家、策划师及其他专业人员。建筑师应当密切地、主动地与其他专业人士进行沟通，有机整合各种资源和优秀的创意、构思，协调各方面的关系，运用全面的景观知识和能力，以更高的视角、更全面的思维进行方案设计。在方案设计过程中，建筑师还应当与委托方以及管理公司进行沟通、协商，使可能在设计与实施、运行、管理中出现的许多问题在设计前期就可以及时规避，这样更有利于方案的有效推进。

不同的设计构思会有不同的方案，每个方案都有各自的优点和不足，要将各个方案集中起来进行对比，在比较中进行优化，对好的方案予以保留，对不好的方案进行改进或放弃。设计在比较的过程中不断地向深度发展，开始可能提出多个建议，比较后成为两个或者三个方案，最终形成一个设计方案。最终的设计方案并不是把所有方案的优点集中起来进行简单拼接，而是有选择地取用与最终设计构思能够有机结合的优点加以适应性地改进。

二、概要设计

概要设计在设计筹备阶段之后，其任务主要是解决那些全局性的问题。设计者初步综合考虑拟建环境场所与城市发展规划、与周围环境现状的关系，并根据基地的自然条件、人工条件和使用者的需要提出布局想法。设计者应结合机能和美学要素，确定平面布局。例如，路易斯·康在美国加州萨尔克生物研究所设计过程中所做的概要设计，全面表达了设计中各要素的技能关系和美感要素。

概要设计由初步设计方案，包括概要性的平面、立面、剖面、总平面图和透视图、简单模型，并附以必要的文字说明加以表现。

概要设计将前一个阶段中所分析的空间机能关系、动线系统规划、造型组合图发展成具体的关系明确的图样。建筑物之间的关系，以及建筑物与户外空间的关系，有了基本的架构之后，下一层次的概要平面图就会更为具体。概要设计一般要征得所有者的意见与相关部门的认可。

三、设计发展

经历以上两个阶段之后，设计方案已经大致确定了各种设计观念以及功能、形式、含义上的表现。设计发展阶段主要是弥补和解决概要设计中遗漏的、没有考虑周全的问题，将各种表现方式细化，提出一套更为完善、详尽的，能合理解决功能布局、空间和交通联系、环境形象等方面问题的设计方案。这是环境设计过程中较为关键性的阶段，也是整个设计构思趋于成熟的阶段。

在设计发展阶段，要征求电气、消防等相关专业技术人员根据自己的技术要求而提出的修改意见，然后进行必要的设计调整。要表达三维的环境空间，除了平面二度空间的各种图外，详尽的轴测图、效果图与模型能更好地表现环境中的体量、位置关系，能更真实地反映材质和颜色。

在方案设计阶段，对自然现状和社会条件进行分析，确定绿地性质、功能、风格特色、内容、容量，明确交通组织流线、空间关系、植物布局、综合管网安排。方案设计阶段的主要图纸有位置图、用地范围图、现状分析图、总平面图、功能分区图、竖向图、建（构）筑物及园林小品布局图、道路交通图、植物配置图、综合设施管网图、重点景区平面图、效果图及意向图等。

在扩大方案设计阶段确定平面，道路广场的铺装形状、材质，山形水系、竖向，明确植物分区、类型，确定建筑内部功能、位置、体量、形象、结构类型，园林小品的体型、体量、材料、色彩等，进行工程概算。扩大方案设计阶段的主要图纸有总平面图，放线图，竖向图，植物种植图，道路铺装及部分详图索引平面，重点部位详图，建（构）筑物及园林小品平面、立面、剖面图，园林设备图，园林电气图。

四、施工图与细部详图设计

设计发展阶段完成后，要进行结构计算施工图的绘制与必要的细部详图设计。施工图与细部详图设计是整个设计工作的深化和具体化，是主要解决构造方式和具体施工做法的设计。

在施工图设计阶段，标明平面位置尺寸，竖向标高，放线依据，工程做法，植物种类、规格、数量、位置，综合管线的路由、管径及设备选型，进行工程预算。施工图设计阶段的主要图纸有总平面图、放线图、竖向图、种植设计图、道路铺装及做法详图索引平面、详图、建（构）筑物详图、园林设备图、园林电气图。它是设计与施工之间的桥梁，是施工的直接依据，其内容包括：整个场所和各个局部的具体做法及确切尺寸；结构方案的计算；各种设备系统的计算、造型和安装；各种技术工种之间的配合、协调问题；施工规范的编写及工程预算，施工进度表的编制等。

细部详图设计是在具体施工做法上解决设计细部与整体比例，尺寸、风格上的关系，如建筑的细部、景观设施及植物设计大样等。环境设计本身就是环境的深化、细化设计。创造物往往因细部设计而精彩。施工图与细部详图设计的着眼点不仅应体现设计方案的整体意图，还要考虑方案、施工、节省投资使用问题，使用最简单高效的施工方法，利用较短的施工时间以及最少的投资来取得最好的效果。因此，设计者必须熟悉各种材料的性能与价格施工方法，以及各种成品的型号、规格尺寸、安装要求。施工图与细部详图必须做到明晰、周密、无误。在这一阶段，对因技术问题而引起设计的变动或错误，设计者应及时补充变更图或纠正错误。

在这个阶段，环境设计图纸有如下要求。

① 图纸比例。根据项目规模大小，以表达清楚为准。

② 总图基本内容。总图中应包括以下内容：用地边界、周边的市政道路及地名和重要地物名称的相关情况，比例或比例尺，指北针或风玫瑰图。

③ 位置图应标明用地所在位置及周围环境。

④ 若用地范围图内容简单，则可与位置图、现状分析图合并。

⑤ 现状分析图中应有用地内及其周边的现状情况的分析。

⑥ 总平面图应包括景区和景点名称，山形水系布局，道路、广场的名称、位置、形式和尺度，建筑、构筑物及主要园林小品的名称、位置、形式和尺度，植物的空间关系。

⑦ 功能分区图应标明各功能分区的位置、名称及大致范围。

⑧ 竖向图应包括以下内容：标明用地周边相关环境现状及规划的竖向标高；反映地形变化的设计等高线、标高点（套用在现状地形图上），主要建筑物室外、道路、广场的标高；用地范围内水体的最高水位和常水位；山石、挡土墙、陡坡、水体、台阶、蹬道的位置；必要的地形剖面。竖向图中应有现状地形剖面、规划地形剖面及标高。

⑨ 建筑、构筑物及园林小品布局图应包括位置、性质、平面形式、尺度、风格的说明及意向图片。

⑩ 道路交通图中应包括以下内容：外部的道路条件和主要出入口；道路广场布局，包括入口分类、道路广场分级、分类；桥梁的位置及性质；内外交通组织分析。

⑪ 植物配置图中应包括常绿植物、落叶植物、地被植物及草坪的布局，种植形式说明、剖面及意向照片。

⑫ 综合设施管网图中应包括给水、排水、电气等内容的干线布局方案，与局部网络及外部大市政管网的关系及系统。

⑬ 在重点景区平面图中，应对重要部分或较大规模项目的重点区域做局部平面展示。

⑭ 效果图及意向图应能说明设计意图。

五、施工建造与施工监理

施工建造是指承包工程的施工者，使用各种技术手段将各种材料要素按照设计图面的指示，实际转化为实体空间的过程。在环境设计中，植物及动物具有生命力，使植物、绿化的施工有别于其他施工。施工方法直接影响到植物的成活率，同时也影响到设计目标能否被正确地、充分地表现出来。

业主拿到施工图以后，一般要进行施工招标，确定施工单位。设计人员要向施工单位施工交底，解决其他施工技术人员的疑难问题。在施工过程中，设计师要同甲方一起订货，选取材料，选厂家，完善未交代的部分，处理好与各专业之间的矛盾。设计图纸中，肯定会存在与实际施工情况不相符的地方，且在施工中还可能会遇到在设计中没有想到的问题，设计师必须要根据实际情况对原设计做必要的记录修改或补充。同时，设计师要定期到施工现场检查施工质量，以保证施工的质量和最后的整体效果，直到工程验收，交付甲方使用。

六、用后评价与维护

项目完成前，设计师会给业主提供一份详细的说明书，除了对设计本身的说明外，还应当对今后环境及设施在运行使用、管理维护中的要点进行指导，提出建议。在项目建设完成投入使用后，不定期地进行项目回访、使用后评估。提供这样的服务，一方面，设计师可以对发现的问题及时进行总结、改进，在对项目负责的同时，自身的专业能力也能得到较快的提升；另一方面，设计师可以建立良好的职业形象，获得客户的口碑和市场的认可。

项目建造完成并投入使用后，业主也可以以图文形式较明确地反映给设计师或设计团体，以便于他们向业主提出调整反馈或者改善性建议（如通过植栽或墙体壁画、壁饰等方法加以调整完善）。这也有利于设计师在日后从事类似的设计时，能进行改进。“用后评价”的进行必须得到使用单位的积极配合，通过调查和统计分析，得到具体的、较为合理的信息资料。

建设项目经过精心设计，严格施工，得以建造，并交付使用，同时使用后的维护管理工作必须时刻进行。

一般的建筑场所、私家庭院，主要由业主自行维护管理，而一些社区公园、广场、公园、街道、公共室内空间等不仅要由管理单位来维护，更重要的是公众要讲公德，才能达到维护管理的成效。设计师在设计阶段应充分考虑，完善各项设施的设计与施工做法，尽力消除隐患，给以后的维护管理工作带来最大程度的方便，减少工作难度。

环境设计是一项具体艰苦的工作。从整个设计程序来看，一个好的设计师不但要有良好的教育和修养，还应该能够协调好在设计中接触到的方方面面的关系，使自己的设计理念能够得到贯彻。

环境设计不只是一种简单的创作和技术建造的专题活动，而是已经成为一种社会活动，成为一种由民众参与的社会活动。

第二节　环境设计的基本方法

一、环境设计的方法分类

（一）文化延续式的环境设计

无论环境设计的主题是什么，一定都有它的存在计划，基地的范围和情况也早在计划过程中予以确定。设计从一开始就是直对着基地特有的各种条件和文化背景而来的。我们在前文中已经做过充分的论述，说明了设计的原则和面临的需求，设计者也将在设计工作中对自己的设计思考加以诠释，并针对各类需求来调整设计内容的相关部分，整合并突出重点。

人类文明在地球上绵延数千年，各地区都形成了自己的文化模式。从世界各地的建筑发展史中，我们可以明显地发现历史的主题，那就是在延续中寻找变化的可能。历史的形式几乎不会发生绝对的突变，每一种形式的发生都可以追溯它演化生成的复杂过程，哪怕是在文化的强势扩张和侵占过程中，也依然如此。所以，我们可以认为，文化的延续式是环境发展的主要方式和基本途径。

以文化延续式的方法来设计环境，必须以历史研究和文化影响分析为基础。每一种类型的环境都有生成的条件，除了地理位置、地质地貌等物质条件外，区域文化、社会文化、区域历史特征等构成了环境生成的精神条件，设计的生命力也将在这些条件中逐步展露。欧洲当前大行其道的复兴旧城环境是以含蓄、融入旧有文化和背景的面貌呈现出来的。从外观表现上，采用与旧环境十分接近的材质。在符号和比例关系上，或者用视觉通透、能反映原貌的含蓄材质（如玻璃）加以辅助维持。两种方式都是以小心整理、维护、改善原有秩序，以表现、强化和完善原有背景为目标的。另外，文化延续式也常常用来在已经比较成熟的文化模式、环境模式中建立新的环境项目。设计采用与原环境极易融合的语汇，在加入的过程中适当地对原环境进行调整，使其整体性更强。

（二）突破性的环境设计

这种方法与上一种方法在前期工作中基本一致，也是以基地原有的各种条件和文化影响信息的收集、整理为基础的。但在新环境项目设计生成的过程中并不强调连续性，而是利用移植、转换、杂交、代替、重组等方法，使设计获得创造性的崭新面貌和意想不到的效果。这种方法实施的难点在于新对象的新语汇与老对象的老语汇之间的对比与协调的程度和方式。从表象上来看，这种方法获得的结果会与旧的环境文化形成冲突和强烈的对比关系，但是通过比例、色彩、轴线关联、平面咬合等有力的手段，对比双方的关系可以在某种层面上达到协调和平衡的效果，从而使对比转化为一种更高形式的审美关系。

突破性方法是一种难度较高的方法，其取得成功还需具备一定的条件，那就是对原有环境功能的良性调整。也就是说，当视觉冲突的背后是环境整体功能的完善或改良时，功能会极大地促进人们对冲突对象的认可和理解。但是，如果视觉冲突仅仅是视觉冲突，功能并未因新形象的建立而得到调整和改善，那么这种冲突只会被视为一种怪异和不雅，难以真正被社会接受。这种现象和方法，我们从巴黎乔治·蓬皮杜国家艺术文化中心的成功案例中可以得到佐证。

（三）基于设计方案构思的环境设计

设计方案的构思是方案设计过程中的重要环节，是借助形象思维的力量，在设计前期准备和项目分析阶段做好充分工作以后，将分析和研究的成果进行落实，最终形成具体的设计方案，实现方案从物质需求到思想理念，再回到物质形象的质的转变。方案的构思离不开设计者的形象思维，而创造力和想象力又是这种形象思维的基础，其呈现出发散的、多样的和开放的思维方式，往往会给人们带来眼前一亮的感觉。一个优秀的环境艺术设计作品给人们带来的感染力乃至震撼力，都是从这里开始的。

创造力和想象力不会一蹴而就，一方面需要设计者平时多学习训练，另一方面还需要设计者进行充分的启发与适度的“刺激”。比如，设计者平常可以多看资料，为创造力和想象的产生提供充分的基础。此外，设计者还要多画草图，为其产生创造必要的条件。形象思维的特点也决定了具体方案构思的切入点的多样性，并且更是要经过深思熟虑，从更多元化的构思渠道探索与设计项目切题的思路，通常可从以下四个方面得到启发。

1. 融合自然环境的设计

自然环境的差异在很大程度上影响了环境艺术设计，富有个性特点的自然环境因素如地形、地貌、景观等，均可成为方案构思的启发点和切入点。美国建筑师弗兰克·劳埃德·赖特设计的“流水别墅”，就是这一方面的典型案例。该建筑选址于风景优美的熊跑溪上游，远离公路且有密林环绕，四季溪水潺潺，树木浓密，两岸层层叠叠的巨大岩石构成其独特的地形、地貌特点。赖特在对实地考察后进行了精心的构思，现场优美的自然环境令他灵感迸发，脑海中出现了一个与溪水音乐感相配合的别墅的模糊印象。设计师的灵感付诸实践，建成后的别墅如下：巨大的挑台由混凝土制成，从其背后的山壁向前翼然伸出，上下左右前后错叠的横向阳台栏板呈现出鲜艳的杏黄色，宽窄厚薄长短参差，造型极其令人注目。毛石墙材料就地取之，在砌筑时充分模拟了天然的岩层，宛若天成。而四周的林木也完全融入其中，在建筑的构成中穿插生长，旁边的山泉顺流而下，人工与自然交相辉映。

2. 根据功能要求的设计

构思出更圆满的、更合理的、更富有新意的满足功能需求的作品，一直是设计师所梦寐以求的。把握好功能的需求往往是进行方案构思的主要突破口之一。例如，在日本公立阿伎留医疗中心康复疗养花园的设计中，由于没有充足的预算，所以为了满足复杂的功能要求，必须在构思上反复推敲。设计师就从这片广阔大地的排水系统开始设计，在庭园中央设计一个排水路以增强视觉效果。同时，为了满足医院的使用功能要求，特别为轮椅使用者进行训练设置了坡道、横向倾斜路、砂石路和交叉路等；为患有生活习惯病的患者准备了多姿多彩的远距离园路，使患者能在自然中不腻烦地进行康复训练；在花园中还设计了被称为“听觉园”“嗅觉园”和“视觉园”等的圆形露台，即使是患有某种感官障碍的患者，在这里也能感觉到自己其他器官功能的正常，在心理上点燃了他们对生活的希望。显而易见，这些都是设计师在把握具体功能要求的基础上做出的精心构思，值得我们学习与借鉴。

3. 根据地域特征和文化的设计

建筑总是处在某一特定环境之中，在建筑设计创作中，反映地域特征也是其主要的构思方法。作为和建筑设计密切相关的环境艺术设计，自然要将这种构思方法贯彻到底。反映地域特征与文化最直接的设计手法就是继承并发展地方传统风格，着重关注对传统文化符号的吸取和提炼。例如，西藏雅鲁藏布大酒店的室内环境设计主要围绕着西藏地域建筑文化，着力渲染传统的“藏式”风格。例如，墙上分层式的雕花、顶棚的形式、装饰用彩绘，均是对西藏地域性文化特征的传承和体现。

显然，地域性的文脉感通过这种对地域特征与文化进行重新诠释的作品被充分地表达出来。设计师在设计这些作品的过程中，通常采用比较显露直观的设计手法，这要靠人的感悟来体会其中所蕴含的意味。

4. 体现独到用材与技术的设计

材料与技术是设计师永远需关注的主题，同时，独特的、新型的材料及技术手段能给设计师带来创作热情，激发无限的创作灵感。例如，位于美国加利福尼亚州纳帕山谷的多明莱斯葡萄酒厂的设计者雅克·赫尔佐格和皮埃尔·德·梅隆，为了适应并利用当地的气候特点，使用当地特有的玄武岩作为建筑的表面饰材，以达到白天阻热、吸收太阳热量，晚上将其释放出来、平衡昼夜温差的目的。但是周围能采集的天然石块比较小，无法直接使用。故而他们设计了一种金属丝编织的笼子，把小石块填装起来，形成形状规则的“砌块”。根据内部功能不同，金属丝笼的网眼有大小不同规格，大尺度的可以让光线和风进入室内；中等尺度的用于外墙底部以防止响尾蛇进入；小尺度的用在酒窖的周围，形成密实的遮蔽。这些装载的石头有绿色、黑色等不同颜色，和周边景致自然地融为一体，使建筑与自然环境更加协调。在这里，需要特别指出的一点是，在具体的方案设计中，设计师应从环境、功能、技术等多个角度进行方案的构思，寻求突破口，或者在不同的设计构思阶段选择不同的侧重点，都是最常用、最普遍的构思手段。

（四）追求永恒之美的环境设计

严格地说，追求永恒之美的环境设计并非一种设计的方法，而是一种设计的哲学思考。自纪念性、象征性建筑产生以来，环境存在的真实意义和永恒之美，一直是许多建筑家终生追求的目标。这种追求目标并非永恒的最佳的物质表达，而应该是对美的秩序、对人的生存与环境生成的关联性的深度思考。

20 世纪初的现代主义建筑运动，以绝对抽象的语言和功能追求的极致，力图将建筑环境的本质从各种人类社会的复杂现象中剥离和显现出来。国际主义在形式上的极度简约也是为了达到某种至高无上的永恒之美，但这恰恰成为 20 世纪 60 年代兴起的追求建筑生命本质和内涵的后现代主义嗤笑和批判的对象，对于永恒之美的刻意追求，在生命的丰厚与复杂面前显得极为单薄。

将环境的美作为设计的目标，就必须以研究人类的需求为根基。人是极端复杂矛盾的生命体，既有多变的物质需求，又有复杂的精神需求；既是冲动、有激情的个体，又是自律、有秩序的群体；既表现出突出摆脱式的个性诉求，又表现出含蓄归属式的社会性存在。环境的创造要想长久地激发人的美感，就必须将这些既矛盾又关联的属性融为一体，寻求平衡矛盾的方法，才能将设计置于一种始终自然而优雅的存在状态。从法国的哥特式教堂、中国的园林来看，它们近乎永恒的美感不正是来自这种矛盾平衡的结果吗?

（五）先物质后精神的环境设计

先物质后精神的环境设计是一种以强调物质技术手段的高效利用为主的设计方法。在建筑的历史发展中，我们可以找到一条规律：材料与结构形式的矛盾关联—材料与结构的统一性—新材料与原结构形式的矛盾关联—新材料与新结构形式的统一性。在建筑行业中，对材料性能的把握总是与结构构造一起成为设计发生的物质基础。对设计师来说，以物质基础问题和矛盾的解决为目标而建立方法不失为一种很有效果的方法。我们可以举出许多历史上地位显赫的设计建造实例，从埃及的金字塔到古罗马的大浴场，从拜占庭的大教堂到中国的木结构宫殿，一切被我们视为精神和文化象征的珍贵建筑，都是良好运用材料与结构统一性的成果，是物质手段高效利用的成果。

在环境设计方法中，我们也鼓励对物质手段的创新式探索。对于材料、结构与形式之间密切关系的建立，我们可以把它视为达到精神目标的一种有效途径。我们都知道，没有石材或砖与拱和穹隆的一致性，就没有辉煌灿烂的欧洲建筑，因此一切物质手段的潜力都是不容设计师忽视的。

二、环境设计的一般方法

（一）功能导入法

所有的环境设计都因一定的使用要求而产生，环境设施必须具有功能性。抓住这一特性对设施的功能进行分析，甚至把设施的每一项子功能分别列出，采用各种办法来实现，进而就能汇总出设计思路与手法。这一方法有利于设计师掌握产品的核心功能，而不拘泥于其形式，同时也保证了设施具有较高的实用价值。例如公交站亭设计，设计师抓住公交站亭的遮阳功能，并在详细分析了公交站的位置后，指出不同路口因太阳照射方向不同而对遮阳要求产生变化的问题，从而设计了可根据不同位置、人流、季节及光照条件而变化的公交站亭。

功能导入法的一个重要作用是，很容易为设计者提供一个多功能组合的设计方法。环境设施产品的功能大部分不是单一的，如座椅同时也可能是路灯或花坛，自行车停车架也可以和垃圾桶相结合等。多功能产品不仅能降低生产成本，同时也能满足人们的多项使用需求。

（二）元素提取法

环境设计中的景观环境设施与一般工业产品不同。一般的工业产品并非针对特定的某个场所而设计，更多的是具有通用性。但许多环境设施则是处在一定的城市环境中，必然要与其所处的空间相互融合。因此，从周边环境中提取形象要素成为城市环境设施设计中最常用的手法。例如，休息座椅就是对该城市的路网形态要素进行提取后设计的。座椅既有象征意义，体现了城市特色，也可以作为城市地图，为行人提供道路信息。

在一些特定地段的路灯设计中，灯具的造型往往会参考重要建筑的外形。景观元素提取法要求设计师细心观察周边景物，元素提取后的造型延伸更需要设计师进行深入的思考，使设施成品既具有周边景物特征，又不显得生硬和雷同。

（三）场景代入法

在网络技术日渐发达的今天，人们正越来越关注生活中真实的情感体验。对使用体验的需求，不仅改变了传统的市场销售模式，也对设计产生了很大的影响。对于一些特殊的文化性、情感性或景观性的环境设施而言，其目标不仅仅是停留在某些具体问题的解决上，更是要尽可能地实现某些生活中的故事情境，从而唤起使用者的情感体验和文化共鸣。因此，设计师在设计时可以先建构一个场景故事，然后把设施与特定的故事相连。用户在使用设施的过程中，既能获得设施的实际服务，又能体验到场景故事并引起联想，获得情感满足和深刻的印象。

创造场景故事，设计师的想象力固然重要，但并不表示可以天马行空地自由创作。故事的主题和题材都应来源于日常生活的乐趣、符号和细节，以及历史、文化、习俗典故等；否则，很难引起用户的情感共鸣。另外，场景故事要尽可能调动起人们多个感官的参与，借助动态使用流程产生互动，让用户在参与的过程中自然与场景故事发生联系。

（四）仿生设计法

仿生设计学是仿生学与设计学相互交叉渗透后结合而成的一门边缘学科。如今其研究范围已极为广泛，成果丰硕。一般而言，仿生设计均以模拟自然界各种物体的外形结构和功能为方法，以达到解决问题的目的，主要包括以下几种手段。①形态仿生：模拟生物体（动物、植物、微生物、人类）或自然界的非生物物质（日、月、风、云、雨、雷、电、山、川等）的外部形态或象征意义，进行艺术再创作。② 功能仿生：把物质存在的功能原理运用在新的技术系统上。例如，蝙蝠利用自己发出的声波定位前方物体的功能原理，被运用来发明雷达。③ 视觉仿生：将生物的视觉器官对图像的识别、对视觉信号的传达与分析处理等原理，应用到产品的视觉传达设计上。④ 结构仿生：借鉴物质存在的内部结构原理，如植物的根茎、动物的骨架结构等。

（五）数字设计法

以数字化手段进行环境设计，以科学数据进行对现实的模拟，能够将原本不存在的、设计师臆想出来的设计理念以虚拟的手段呈现出来，通过声、光、电技术的配合，能够产生更为立体的模拟效果，主创方能够根据更为真实的模拟效果判断项目的可实行性。除了能够对当前情况进行模拟展示外，数字虚拟还能够通过数字化分析，展示出作品对周围环境的影响，如对环境的破坏、对生态的影响等，这是以往的设计所不能考虑到的方面，也无法推算的结果，数字化的数据分析，能够给我们带来完全不一样的设计体验，使环境艺术设计更为人性化，更有利于生态环境的发展。

数字化技术能够给环境设计作品提供更为真实可靠的设计数据，并能够通过对周围环境的数据评估，提供更为真实可靠的设计依据，设计师通过对真实的数据进行分析，能够设计出更为科学合理的艺术作品，使环境设计更符合公众需求，更人性化，也更能符合环境保护以及生态保护的需求。

（六）像素化设计法

像素化设计分为像素化图标、艺术图片设计等，是数码视觉设计中的一种特殊的设计理念与方法，也是一种比较新鲜的艺术语言。“像素”在字面上由“图像”和“元素”两个单词组合而成，是数码影像显示的一种基本单位。除了作为数码照片的基本结构，像素点在保留单元化视觉属性的前提下，就产生了一种新的艺术形态——“像素艺术”。图标和像素画是像素艺术常见的两种基本形式，后者更是成为很多新锐艺术家的创作手法。像素化设计的核心是强调每个单元格的表现力——这种表现结合了“近观”与“远观”双重展示效果。在心理学上被称为“阿斯伯内多效应”，就像近处看油画，可能不知所云，仅看清了笔触，远观则形色神意兼收，豁然开朗。

在软件界面或者网页平面中，像素化设计分别体现在背景装饰、按钮、分隔线、模块边框和图标等元素之中，有着自身独有的像素设计手法。像素点自身的形式提炼使得像素化设计的视觉效果非常强烈，特点鲜明，这也使其逐渐走出平面设计的范畴，在环境设计等诸多领域展现出特有的魅力。

（七）交互设计法

交互设计强调的可用性以及注重用户体验的设计思想，可增强传统环境设计中参与者与空间的互动性以及在空间游走时的体验感。将交互设计的理念应用于环境设计中，可加强人与周围环境的平衡性、互动性、趣味性。交互设计与环境设计在其本质上都是以人为本的设计思想，关注人的体验与感受。首先，从设计师角度来看，环境设计方案的概念来源到最终方案呈现都可融入交互的内容；其次，从受众角度来看，在方案呈现和受众参与空间互动两方面呈现环境设计与交互的关系。交互设计发源于产品设计领域，近年来在环境设计领域的应用逐渐增多，应用方式也更为丰富。交互设计着重于空间参与者在空间游走的体验感，是由参与者来改变空间形态并对其进行反馈的。将交互设计法应用在环境设计中，既可以进行空间美化，又能增强人与环境之间的互动。参与者与空间的关系不再是参与者的被动接受，而是空间参与者主动与环境进行双向性的沟通与交流，参与者感受趣味性，并优化空间体验感。

（八）可供性机制设计法

可供性机制设计法是以可供性概念为核心的生态知觉理论，揭示了人的身体经验与小生境的不可分割的关系，不仅有助于理解人与环境互动进化的历史经验，也为人工环境的设计理论奠定了生态学基础。可供性机制的内容包括：介质的可供性机制——空气；表面及其形态的可供性机制——表面是承载行为的基础；特定的布局形态的可供性机制——产生可供有机体知觉和利用的特定行为空间场所；尺度的可供性机制——人操纵物体的能力在动物中绝对首屈一指。

环境设计中可以利用空气介质的具身性感知营造人工环境氛围，利用表面及其形态的可供性机制引导直接性行为，运用特定的布局形态的可供性机制实现不同空间功能，以尺度的可供性机制作为空间尺度设计的方法。环境设计主要解决人的活动空间的问题，涉及城市设计、城市规划、建筑设计、室内环境设计等。可以说环境设计创造着与人的生活密切相关的大部分人工环境。在一些设计实例中，有些是设计师有意识地利用可供性机制理论设计的，而有些设计则是无意识地符合了可供性机制的理论。按可供性机制进行设计，让设计回归到人与人工环境关系的本原，可使环境特征与行为更加协调、更加自然，设计者和使用者也会获得更多的自由。

第六章　现代环境设计的实践

现代环境设计要在理论学习的基础上进行实践探讨，充分发挥环境设计在建筑设计、室内空间设计和景观环境设计中的设计理念及方法，推动现代环境设计的大发展。本章分为建筑设计、室内空间设计、景观环境设计三个部分。其主要包括建筑选址设计，建筑空间设计，建筑色彩设计，建筑设计的价值与案例鉴赏，住宅空间设计，办公空间设计，商业空间设计，展示室内空间设计，街道景观环境设计，建筑、庭院景观环境设计，公园景观环境设计，公园景观环境设计案例等内容。

第一节　建筑设计

一、建筑选址设计

（一）基地设计

建筑属于某个地点，依赖特定的地点，即一块建设用地具有与众不同的特征，其中包括地形、地貌、朝向、位置及历史定位。城市中的基地具有其独特的自然历史，它将影响到建筑设计的理念，因此对于建筑所在基地的理解是对建筑师一项最基本的要求。文脉将会提出一系列限定因素，包括朝向（太阳如何绕基地运动）和入口（如何到达建筑所在的基地，往返于建筑之间的路径是怎样的）。具体的考虑因素包括相邻建筑的高度、体量以及建成它所需要使用的材料。建筑的选址不仅取决于它的建设用地，同时也取决于它周边区域环境的状况，这又提出了一系列需要进一步考虑的问题，如周围建筑的尺度以及选用的建筑材料等。在建筑用地中想象建筑的形式、材料、入口和景观是非常重要的。基地不仅为设计提出限制和约束条件，同时也提供大量的机会。它是建筑物具体化和独特化的原因，因为没有两块基地是完全一样的，每块基地都有自己的生命周期，建筑师要通过自己的演绎和理解来创造更多的变化。基地分析对于建筑师非常重要，因为它为建筑师的工作提供了依据。

（二）位置与朝向设计

建筑的位置及它获得的日照情况决定了其规划设计中的许多方面的内容。在一座房子里，花园阳台的位置以及餐厅的位置完全取决于设计师对光影的把握。在更大尺寸的建筑中，建筑朝向能够显著影响建筑在不同季节中热量的得失，这将最终影响建筑的能耗以及使用者的舒适度。

为了适应北半球的生活，在设计中，卧室应尽量向东布置，餐厅则尽量向西，以便享受日出与日落的美景。面朝南向的建筑需要一些遮阳设施以抵御阳光的直射，在夏季，卧室的百叶窗可以有效地抵御太阳辐射的热量，降低室内的温度，建筑北向的房间也可以获得稳定不变的光线亮度。朝向设计也关注基地内的主导风向，建筑的不同立面需要采用不同的方式来设计，以应对风向的问题。理解朝向在设计中的作用，需要对建筑体量进行评估，应该正确评估其体量对所在基地及其周边建筑的潜在影响。

（三）地点和空间设计

空间和地点存在着对应的关系。空间是自然存在的，它是具有三维尺寸的，在某个特定的地点，它会随着时间的变化而发生变化，并且存在于记忆之中。一座建筑可以是一个地点，也可以是一系列地点的集合。同样，一座城市也是由许多重要空间构成的，而城市本身也是一个地点。

对于某个地点的记忆通常是建立在对这个地点的回忆上的，这些回忆令人印象深刻，可以被清晰地回想起来。它们有显著的特征，如声音、肌理，以及那些在这里发生过的令人记忆犹新的事件。建筑师熟悉并理解地点是相当重要的，尤其是在设计处于历史性基地内或处于历史保护区域内的建筑时，更需要在设计中加强对历史和记忆的考虑。将城市和建筑看作一个地点进行整体设计时，需要把建筑或空间想象成这些事件所发生和上演的舞台，这样才能处理好空间、地点和事件的关系。

二、建筑空间设计

空间是非常有趣的，而且具有很高的研究价值。空间可以归纳为两种：一种是自然生成的空间，另一种是人工创造的空间。而建筑空间设计所得到的空间，则是人工创造的空间。

“物质的确是在空间中运动的产物”，这个概念是被世人认可的评论。空间是一种支配力，建筑作为空间中的重要产物，相互之间规划设计，与谱写一首有节奏的乐曲一样困难，要使所有建筑在空间中形成一个完整的体系，可能就更加困难。

建筑既是实体又是空间，而在空间与实体当中，空间是最有价值的，它不仅蕴含着环境、文化、社会习惯等因素，空间大小、形状和方向，可以使人们产生不同的状态。

纵观全世界的城市建筑，建筑空间的形成与建筑的不同功能有着莫大的关系。如商业区、政府行政部门建筑、文化教育机构建筑等，这些建筑由于功能的不同，空间设计手法也不相同。

（一）政府行政部门建筑空间设计

城市中的政府行政部门，是行使国家权力的机构，中国的建筑设计会给人以庄严、严肃的感觉；西方国家的建筑内部空间设计比较开放，一些议会厅的内部空间允许市民进入。

（二）文化建筑空间设计

建筑空间的连续性，是城市设计的重要任务之一。如果在设计中可以将建筑空间组成一个秩序井然的路径，那么这种路径便可以使人们在心理上得到持续的和谐感，要达到这样的效果，才可以说完成了城市设计的一部分。城市设计除了建筑空间外，还有其他诸多的空间因素存在，将这些全部的空间因素结合在一起，在设计上才算真正获得成功。在城市设计中，无论是商业建筑、文化教育建筑，还是住宅建筑，在空间的设计上都应该注意这些问题。

在城市设计中，文化教育建筑也占据了城市的相当一部分面积，这类建筑主要包括博物馆、美术馆、学校、展览馆、天文馆、文化宫、少年宫等。建筑空间设计根据各自的不同功能而有异有同。

三、建筑色彩设计

城市是由大大小小的、不同形式的建筑组成的。因此，在城市的视觉环境中，建筑色彩是最为鲜明的。视觉因素决定整个城市色彩最广泛的部分。建筑色彩不仅丰富了人们的视觉，也展示了城市历史文化的传承和发展，体现出浓厚的地域特征，也是地域文化与城市风格的最直接体现。

色彩对于艺术家来说，是不言而喻的。而对于一些对艺术产生浓厚兴趣的人来说，色彩的表现更是占据了他们的心理，他们往往从色彩的整体性、平衡性或者突出性、对比性中得到心理的满足和刺激。色彩是赋予城市空间感连续性和形式性的要素之一，城市的整体色彩取决于城市中的各方面的色彩因素，其中最主要的则是建筑的外部色彩。要使城市整体给人留下同样的印象，建筑外部形象及色彩是首先要解决的问题。

许多时候，建筑师总是注重城市中单体建筑造型，而忽视了建筑外部的色彩处理，认为建筑造型才是美化城市的关键，其实不然。城市整体空间的协调，最大限度地取决于色彩的和谐，只有有了和谐的色彩，才会让城市的空间更加有序，为人们带来视觉的平衡感。

色彩设计不仅要考虑美学的观点，更要考虑色彩的功能。不同的场合，不同的空间，不同的环境及不同的对象，对色彩有着不同的要求。正确科学地选择色彩并合理地利用和控制，才是提高艺术情趣的最佳表达方式。在建筑设计中合理地、科学地使用色彩，是决定建筑设计成功的关键。要想使城市整体色彩产生连续性，和谐统一是关键，而如何产生和谐的感觉，取决于建筑色彩的组合。

一座城市整体色彩环境的和谐与否，最大限度地取决于城市的色彩设计。如何处理好建筑的色彩，需要遵循一定的原则。

其一，建筑色彩与建筑造型及功能的结合。建筑的形与色，是引起人们视觉感受的最重要的两个方面。而建筑的美感也是有形体和色彩的结合，才能向人们展示出来的。此外，建筑色彩是在首先有了体量和造型以后才能表现出来的。因此，建筑色彩的设计，首先要考虑与建筑造型的结合，同时也要考虑到建筑的功能。例如，儿童乐园、幼儿园由于是儿童游玩的地方，建筑形体与色彩要根据儿童的心理特征定位，不仅建筑形体别雅有趣，建筑色彩也随着形体的有趣而活跃鲜艳。在城市环境中，建筑形体是重要的方向，建筑色彩是不可忽略的因素。除了建筑整体色彩结合外，还有其他形体与色彩结合的方法。例如，一座建筑的外立面转折的地方很多，这就需要采用不同的颜色来区分所要转折的面，形成鲜明的色彩对比效果，给人以视觉清新感的同时，还可突出建筑的结构美。

其二，建筑与周边环境的和谐。一座城市是由多座建筑群体组成的，因此，城市中的建筑并不是孤立存在的，而是以群体的关系存在于城市中的，以整体的环境展示在人们面前。所以，单体建筑色彩的设计一定要考虑周围建筑环境间的和谐。在当今高楼林立的城市中，建筑占地面积较为密集，要想使整座城市的色彩环境和谐有序，除了按照一定的城市色彩环境用色以外，在建筑设计中还要考虑到周围1平方千米的范围，与周围的建筑色彩相互协调。特别是商业街的建筑色彩设计，是人们近距离观赏的建筑，在色彩的细部处理上一定要谨慎，以免造成不必要的视觉污染。在对高层建筑进行色彩设计时，尽量避免选择大面积、高彩度的色彩，尤其是高彩度的红色和橙色，因为从色彩工具的角度讲，面对这种大面积的颜色时间一久，会心跳加快、心神不宁，对人精神造成损伤。

其三，建筑外部材料的应用。建筑外部色彩的体现还取决于建筑的材料装饰。建筑外部装饰材料不仅可以保护建筑各部件不受损害，还可以起到很强的装饰作用。同时，建筑上不同的材料也展示着不同的色彩感觉。建筑材料包括多种金属、石材、木材，还有一些经过人工制作而成的涂料、玻璃等，为建筑立面带来不同的色彩。但这些材料一定要根据建筑的功能适当选择，形成和谐统一的建筑立面效果。金属材料色彩光亮，当代建筑外部设计上运用得很多。弗兰克·盖里曾这样说:“对于我来说，金属是我们这个时代的材料。”“它使建筑变成了雕塑。”

在西方，石材不仅是最基本的建筑材料，在现代城市中也被越来越多地用到大型的建筑外立面中，如商场、酒店、写字楼等，成为城市色彩的重要组成部分。涂料具有色彩丰富、价格低廉、施工方便、耐水等特征，在当今城市建筑外立面色彩装修中，运用非常广泛，尤其是住宅建筑。但涂料装饰有一个缺陷，那就是受雨水冲刷和曝晒，会造成外墙皮涂料局部脱落，污迹斑斑，影响整体的效果。因此，在使用涂料粉刷建筑外墙时，如发现脱落问题应及时重新粉刷，或根据涂料的寿命定期进行粉刷，以免给城市带来色彩污染。

不同的色彩，可使人产生不同的审美观。因此，建筑色彩设计要尽量做到符合人们的普遍审美的需求，是进行色彩规划时要考虑的问题，也就是“图底”的关系。对一个城市的基本色调来说，城市本身的自然色彩是“底”，人工调色是“图”，只有图的色彩与底的色彩相互协调，才能满足尽如人意的城市环境色彩要求。

四、建筑设计的价值与案例鉴赏

（一）建筑设计的价值

1. 审美价值

建筑物的审美价值主要体现在其对城乡环境的影响方面，主要包括了房屋、园林、建筑小品以及某类纪念性建筑所设计的外观、风格和所体现的艺术价值方面。对建筑艺术进行分析可知，其主要是通过对空间实体的造型与结构进行合理安排的，将其与各门相关艺术有机结合，并在自然环境的衬托下体现出其自身的审美功能。此外，还需说明的是，建筑物的造型大多是由体、线、面结合而成的，故除了形式美法则为人们带来的愉悦感受外，还可通过引用象征性的手法将建筑物蕴含的特定内容表现出来，如纪念碑和博物馆等纪念性建筑。

2. 功能价值

功能价值即建筑物的实用性。实用性价值说明了建筑设计并不是为了“看”，而是为了“用”，其中，建筑住房的用途自然不必进行说明，其大多是为了满足人们的住房需求而被设计出来的。即便是园林、纪念碑等建筑物，在设计时，也大多需要对当地举行纪念仪式时的人流活动的相关要求进行充分考虑。从这一角度来看，建筑实用性的特点直接关系着人们对建筑本身的审美观念，具体来说就是，建筑物所拥有的支持人们生活的各类功能，通常决定了人们对建筑物观感的美或丑的审美价值，故建筑物的审美价值又依赖其实用价值。

随着信息化时代的发展，现代化环境艺术设计所涉及的范围越来越广泛，无论是在艺术范畴还是技术范畴，皆与众不同。此外，环境质量也在不断提升。融入环保意识，是环境艺术创新设计持续发展的必经之路，环境艺术的创新设计务必最大限度地满足不同类型业主的需要。

（二）建筑设计案例鉴赏

1. 城市建筑规划设计——北京

北京是中国著名的古都，北京城不但有着自己的城市风貌和社会文化，而且形成了独特的城市建筑、都邑景观。针对这些，中国学者展开了多方面的研究，探讨了北京城市的发展脉络、城市结构、城市文化以及城市地理特征。在这些研究成果中，以北京城市历史地理为内容的研究占有突出地位。北京城的发展历程虽然可以上溯至辽，并经金、元、明、清各代，但明清时期作为封建王朝的最后阶段，有着不同的意义。

北京城有三重，由外向里依次是京城、皇城和宫城。其布局严谨、建筑壮观，是古代城市建筑的杰作。北京的城市规划从整体上看是由内及外，由里及表的。北京自明朝以来一直是整个中国的政治中心，因此在城市规划上，突出的一点便是其作为首都随之而来的一些特点，即中心对称性、由内而外的递进性、政治设施的齐备性。

北京城的总体规划不仅保持了元大都规划所秉承的以宫城为中心的分区规划结构的传统型式，而且由于调整城址，宫之规划位置更符合“择中立宫”之制的要求——以宫之南北中轴线为全盘规划结构之主轴线。继承传统的以功能分区为基础，将若干同类属性的功能分区聚集为一个综合区。

政治活动综合区：此区以宫廷区为主体，凡具有政治属性的功能分区，如官署、官府府库、官府手工作坊、京卫卫所、权贵府邸以及文教等统一纳入此区之内。

经济活动综合区：除将天坛、山川坛（先农坛）及一些卫所营房所在的正南坊视为政治活动综合区的延续外，其余各坊基本上都属经济活动属性的功能分区。此中有手工作坊区、商业区和工商业者居住区，手工作坊区多与商肆交错并存。

宫廷区规划：第一，通过拓展南城调整宫城的规划位置，使之处于全城最尊之中央方位，以突出宫城的核心地位；第二，据“左祖右社”之制及宫廷区构成模式，将宗庙和社稷的规划位置与宫城前之外朝联成一体，构成宫前小区，为宫城小区之前导，从而形成一个完备的宫廷区；第三，依据“前朝后寝”之制规划宫城的朝寝，前三殿为朝，后三殿作寝，再北则为后苑；第四，为强化中心区的地位，规划对中轴线城市空间组织也做了精心安排，丰富了中心轴的空间构图韵律，也突出了中心区在城市空间组织中的主导作用。

商业网规划：明朝时北京城市商业网的改造大体上经历了两个发展过程。建都之初，为适应调整城址和城南日益发展的需求，一方面调整商业网规模，压缩城北，扩展城南；另一方面则改革商业网的布局，进行专业性分区，增加“行业街市”类型，扩大综合性商业区规模，增多基层商业网点，提高网点分布密度，促使北京商业网“点”“面”相结合。

北京城的规划由内向外逐层递进的模式，至今仍为当代城市规划所效法。从天下的中心紫禁城到极尊贵的皇城，到戒备森严的内城，再到精英荟萃的外城，北京的城市规划完美得无可挑剔，是中国城市规划的典范和代表。今天北京正以更新、更美、更大的城市面貌展现在世人面前，基本上形成了以核心城区、近郊发展区、远郊拓展区和远郊生态涵养区为主体的城市规划布局。

2. 建筑设计

房地产建筑设计的作品，如图 6-1 ～图 6-4 所示。

图 6-1

图 6-2

图 6-3

图 6-4

3. 某示范区设计

某项目示范区落地之后的环境设计作品如图 6-5 ～图 6-10 所示。

图 6–5

图 6–6

图 6–7

图 6–8

图 6–9

图 6–10

第二节　室内空间设计

一、住宅空间设计

（一）玄关设计

1. 玄关功能设计

玄关是住宅的第一功能空间，也是从室外到室内的过渡空间，能够给来访者留下较为深刻的第一印象。好的玄关设计是整个住宅风格的浓缩展示，在整体设计中起到画龙点睛的作用。此外，玄关还具有一定的缓冲作用，为室内其他空间提供了一定的私密性和隐蔽性。

2. 玄关类型

根据住宅空间的大小，玄关可分为独立式玄关、通道式玄关和虚拟式玄关。独立式玄关一般用于面积较大的住宅空间，其设计手法较为灵活，以展现住宅豪华、大气的风格；通道式玄关的空间较窄，一般在顶棚、墙面等部位进行装饰设计；虚拟式玄关是目前居室中最为常见的形式，通常采用隔断进行空间分隔，隔断的形式和位置可根据户型结构与实际需要进行设计。

3. 玄关设计要点

（1）顶棚设计

玄关空间往往比较局促，容易使人产生压抑感。在设计时，可通过局部吊顶的方式，改变玄关的空间比例和尺度。例如，根据玄关的户型结构，或选用自由流畅的曲线吊顶，或采用层次分明、凹凸变化的几何吊顶等。在设计时，玄关顶棚应遵循简洁大方、整体统一、具有一定装饰性的设计原则。

（2）地面设计

玄关地面应选择耐磨、易清理，且具有一定美观性的装饰材料，如大理石、瓷砖等。在对玄关地面进行选材时，可选择与客厅相同的地面材料，以延伸地面的范围，从视觉上扩大空间；也可选择与客厅不同的地面材料，以进行一定的区域界定。

（3）墙面设计

墙面往往作为玄关空间的背景以烘托气氛。在设计时，应选择一面墙体加以重点刻画，如根据房间的主色调刷涂墙漆，或用不同的墙面材料做出不同的纹理效果，或在墙面挂置壁画、浮雕等装饰物进行点缀等。但要注意的是，墙面切忌堆砌重复而杂乱的设计，且色彩不宜过多，达到点缀空间的效果即可。

（4）照明设计

通常，玄关空间不具备自然采光的条件，往往通过人工照明照亮空间。玄关的灯光应柔和明亮，一般安装一盏主灯（如吸顶灯、射灯、小型吊灯等）作为整体照明形式，或根据吊顶的需要设置建筑化照明形式（如暗藏灯带、筒灯等）。此外，在墙面安装一盏或两盏造型独特且美观的壁灯，既可作重点照明照亮墙面，又可作为装饰品点缀墙面。玄关照明通过不同灯具的组合设计，营造独特的艺术氛围。需要注意的是，玄关的灯光设计应有重点，不必面面俱到，否则会显得平淡乏味。

（5）隔断设计

目前，大多数住宅空间的玄关与客厅相连，为了进行空间区域的划分，通常利用隔断将玄关与客厅分隔开。隔断的形式多种多样，如低柜式、半柜半架式、格栅围屏式和玻璃式等。独立式玄关还可利用整体衣柜、低桌、椅凳、壁龛、博古架等家具作为装饰，同时兼具储物功能。在设计玄关家具和隔断时，应考虑整体风格的一致性，避免为了追求多样性而显得杂乱无章。

（6）陈设、绿化设计

玄关设计的装饰性还可通过装饰品、绿植等加以体现。独立式玄关的空间较大，通常会根据室内的整体风格摆放一些艺术品，如雕塑、瓷器等，使空间变得丰富。此外，在墙面悬挂字画或相框做装饰，也能为空间带来不一样的格调。此外，绿化设计也是玄关空间常用的装饰手法。摆放一株小巧玲珑的绿色植物既能改善室内环境，又能为空间增添一分灵气。在进行绿化设计时，要根据空间的大小选择绿色植物，如较小的玄关空间不宜摆放过多植物，可在适当的位置摆放一只精美的花瓶，插上几束鲜花或干枝，点缀空间；空间较大的玄关，可摆放落地式花瓶或盆栽植物，为空间增添一抹绿意。需要注意的是，陈设品、绿植的装饰设计要做到少而精，起到画龙点睛的效果即可。

（二）客厅设计

客厅是家庭成员娱乐、团聚、交流、休息和接待客人的场所，是住宅中主要的起居空间，也是家庭成员活动最集中、使用频率最高的空间。客厅设计能充分体现主人的品位、情感和意趣，展现主人的涵养与气度，是整个住宅空间的中心区域。

1. 客厅的设计原则

客厅设计是居住空间设计的重中之重，其设计应满足实用性和美观性两大原则。

（1）实用性原则

实用性原则是指设计要满足使用者的需求。客厅设计的实用性主要体现在根据使用者的需求对空间进行合理的功能分区，如交流会客区、视听区、学习区等，通过硬性划分和软性划分两种方式实现。硬性划分主要是利用隔断和家具，将各个功能区域从大空间中独立出来，形成各自的小区域；软性划分是通过色彩搭配、照明设计和不同装饰材料等“暗示法”进行区域划分。

（2）美观性原则

美观性原则要求设计风格要明确、突出个性，以体现空间的整体格调和主人的审美品位。客厅在住宅空间中的面积最大，且属于开放性空间，被视为家庭的“脸面”，其风格基调往往奠定了整个住宅的主格调。因此，在设计时应充分考虑主人的身份地位、职业特征及个人喜好，选择合适的设计风格。

在客厅的整体设计中，细节往往能够折射出主人的个性、品位及修养，如造型独特的家具，个性化的装饰材料，以及工艺品、字画、坐垫、布艺、植物、灯具等各种软装饰，都能体现出主人的内心追求。因此，设计师要充分利用独特的装饰手法突出主人的个性。

2. 客厅功能设计

客厅，又称起居室，是家庭活动的中心，在住宅空间中居于核心地位，其设计对整体空间的风格、气质起着引领作用。因此，客厅设计是住宅空间设计的重中之重。

（1）聚会交流

家庭聚会是客厅的一项基本功能，家庭成员围坐在沙发周围，欢聚一堂，配合饮食、交谈等活动，营造出亲切而热烈的氛围，促进了彼此之间的沟通和交流。会客接待是客厅的另一项基本功能，与家庭聚会的形式十分类似。因此，客厅需要有宽敞的空间、舒适的家具及独具韵味的设计风格，促使人们长时间相处，从而开展社交活动。

（2）娱乐休闲

视听活动是现代客厅中的一项重要的家庭活动，能够使居住者放松身心，享受忙碌之余的闲暇时光。电视机是客厅中必备的娱乐设施，与沙发一起承担着客厅的娱乐休闲功能。此外，客厅的氛围比较欢快、轻松，居住者还可以进行一些比较随性的、自由的阅读和上网等活动。

3. 客厅空间设计

（1）标准型

标准型是由沙发、茶几、电视柜组成的一种最为常见的客厅布局形式。该布局形式要求沙发通常紧贴客厅一侧摆放，电视柜则位于沙发对面，紧贴另一侧墙面，茶几位于两者之间。需要注意的是，为了使居住者能够更为舒适地进行视听活动，沙发与电视之间的距离不宜过近。

（2）L 型

L 型是将 L 型沙发紧贴相邻的两面墙进行布置的客厅布局形式。这种布局形式对空间的利用率较高，适用于面积较小、无法设置对称式组合沙发的客厅。在 L 型沙发的转角处设置一个可坐可卧的“贵妃位”，是目前客厅装修的一个流行趋势。

（3）U 型

U 型适用于空间较宽敞、家庭成员较多的住宅客厅，能够营造出庄重而气派的氛围。这样的布局不适宜进行视听活动，如果一定要设置电视机，则应位于主沙发位的对面。

（4）对角型

对角型是以对角线为轴进行家具布置的客厅布局形式。需要注意的是，该布局中沙发背后通常会留出一定的空隙，这一部分空间最好不要浪费，可放置小桌子、矮柜等收纳类家具，也可以用于布置绿植、灯具等陈设。

（5）走道型

走道型是在沙发周围留出通行过道的客厅布局形式。这种布局形式适用于面积较大的客厅。这样的布局中的沙发的体量应比较大，以避免受到碰撞后发生位移；如果选用了质量较轻的沙发，则应在沙发背后放置小型柜类家具，以对沙发进行固定。

4. 客厅设计要点

（1）家具布置

中国主流的客厅活动以电视娱乐为主，因此，沙发、茶几、椅子及电视等视听设备是现代客厅的基本配置。沙发是客厅中最重要的家具，其摆放位置能够形成客厅的空间规划，色彩和造型设计还能引领客厅的设计风格，有着实用性和美观性的双重功能。与沙发“绑定”的家具是茶几，用于摆放茶杯、烟灰缸等，实用性略大于观赏性。除此之外，客厅中还可设置小型的休闲椅和边桌，用于进行一些无须互动的单人休闲活动，如品茗、读书等。电视柜通常位于沙发的对面，紧贴墙面，主要用于放置电视。随着技术的进步，挂墙式的超薄电视机渐渐走入千家万户，电视柜的功能也慢慢转为了布置陈设品和收纳客厅中的小型杂物，面积较大的客厅中还可以设置一些高大的柜类家具作为背景墙，展示一些装饰性、艺术性较强的陈设。

（2）顶面设计

客厅的顶面设计与住宅建筑的层高紧密相关。大户型住宅的客厅可以进行一些复杂的吊顶造型设计，以丰富空间层次感。例如，采用四周吊顶、中间配以吊灯的方法，能够为空旷的空间带来一种跃动感，面积较小的客厅顶面则应简洁干脆，以避免使人产生压迫感。

（3）墙面设计

客厅墙面的面积最大，是视线最为集中的位置，因而对整个空间的装饰风格起着决定性的作用。客厅墙面设计的重点是电视背景墙和沙发背景墙，其他墙面的设计仅作为辅助和衬托。两面背景墙的设计应结合住宅整体风格及居住者的兴趣爱好进行，同时，为避免空间过于杂乱，墙面的设计元素不应过多，以和谐大方为宜。

（4）底面设计

客厅底面材料的选择比较广泛，木材、石材、地毯等都可以作为选项，只要与空间整体风格相一致即可。

（5）照明设计

客厅的照明设计追求多功能、多层次，应采用以整体照明为主、以局部照明和重点照明为辅的混合照明体系。客厅顶面的中心位置通常应设置一盏主灯，以保证空间的整体亮度；休闲椅、沙发两侧等区域，可以设置落地灯、台灯等移动式灯具，满足工作、阅读等需求。此外，还可用射灯、壁灯等灯具对重点墙面和陈设进行装饰照明，以丰富空间层次。

（6）通风防尘

自然通风是住宅空间设计中的一项重要的需求，为加强通风，客厅窗户的面积通常较大。防尘是客厅的另一项重要需求。客厅与玄关通常紧密相连，两者之间的隔断结构对防尘工作发挥着极大的作用，能够有效防止外界灰尘进入住宅内部。此外，在入户门的门边放置一张防尘垫，也可以减少飞扬的灰尘。

（三）餐厅设计

餐厅是家人日常进餐及在特殊日子欢宴亲友的活动空间。餐厅的位置通常靠近厨房，并居于厨房与客厅之间。餐厅中家具的布置应保证人们活动和穿行时的便利与舒适。

1. 餐厅的布局

根据空间大小的不同，餐厅的布局形式可分为独立式和一体式两种。独立式餐厅是将厨房、餐厅和客厅用实体墙隔开，形成各自独立的空间，常用于面积较大的住宅中。独立式餐厅的使用面积较为宽敞，通常由餐桌、餐椅、酒柜、储藏柜（架）等家具组合而成。如今，很多住宅空间都将客厅与餐厅相连，形成一体式的客餐厅。通常，为了使空间具有明显的区域性，可用隔断将餐厅与客厅隔开，也可利用顶棚、墙面或地面的独立设计（采用不同的墙面材料，不同的吊顶设计等）将餐厅与客厅进行区分。

2. 餐厅的设计要点

① 照明设计。餐厅的照明设计应注意艺术性与功能性的结合，营造一个温馨、舒适的就餐环境。住宅餐厅通常在餐桌正上方设置一盏吊灯作为主体照明，以突出餐厅的区域感，同时，利用光线增强食物的色泽度和鲜嫩感，以提高用餐者的食欲；有时也会在吊顶安装筒灯或射灯作为辅助照明，以减少明暗对比，创造干净、柔和的环境氛围。

② 如果空间条件允许，单独用一个空间作为餐厅是最理想的方式，独立的空间可以保证就餐时的私密性，避免受到过多的影响。餐厅的位置要紧邻厨房，这样上菜比较方便；对于住房面积不是很大的居室空间，也可以将餐厅与厨房或客厅连为一体，这种开放式空间的设计可以使整个公共空间显得更加宽阔、舒展。

③ 餐厅的顶棚设计讲求上下对称与呼应，其几何中心对应的是餐桌。顶棚的造型以方形和圆形居多，造型内凹的部分可以运用彩绘、贴金箔纸、贴镜面等做法丰富视觉效果。餐灯的选择则应根据餐厅的风格而定，欧式风格的餐厅常用仿烛台形水晶吊灯，中式风格的餐厅常用仿灯笼形布艺吊灯。

④ 餐厅的墙面设计既要美观又要实用。酒柜的样式对餐厅风格的体现具有重要作用。欧式风格的餐厅酒柜一般采用对称的形式，左右两边的展柜主要用于陈列各种白酒、洋酒，中间的部分可以悬挂和摆设一些艺术品，起到装饰的作用。中式风格的餐厅酒柜则可以采用经典的中国传统造型样式，如博古架。空间较小的餐厅，可以在墙面上安装一定面积的镜面，形成视错觉，形成空间增大的效果。

⑤ 餐厅的地面应选用表面光亮、易清洁的材料，如石材、抛光地砖等。餐厅的地面可以略高于其他空间，以 15 厘米为宜，以形成区域感。

⑥ 餐厅的色彩宜采用温馨、柔和的暖色调，这样不仅可以增进食欲，而且可以营造出惬意的就餐氛围。

（四）厨房设计

厨房是供居住者进行炊事活动的空间，其基本活动是切菜、烹调、洗碗等。厨房应对各种活动进行功能分区设计，以满足不同操作活动的需求。

1. 厨房的功能设计

厨房的功能分区主要包括储藏区、洗涤区和烹饪区，开放式厨房还包括就餐区。储藏区是储备食品和餐具的地方，冰箱和橱柜是该区域的主要设备。洗涤区包括餐前和餐后两段时间的工作，餐前需要进行食品加工，如洗、切、配料等；餐后是洗碗、清理残渣等工作，因此该区域应包括操作台、洗池、垃圾桶等设备。烹饪区是厨房的核心区域，其设备应有灶具、油烟机、微波炉、调味架等。此外，很多家庭会将热水器安装在厨房，以方便使用热水。

2. 厨房的空间设计

① 单边形，即将储藏区、洗涤区和烹饪区设置在靠墙的一边，这种形式适用于厨房较为狭长的空间。

② “L” 形，即将储藏区、洗涤区和烹饪区依次沿两个墙面转角展开布置，这种布局形式适用于面积不大且较为方正的空间。

③ “U” 形，即沿三个墙面转角布置储藏区、洗涤区和烹饪区，形成较为合理的厨房工作三角区域，这种布置形式适用于相对较大的空间。

④ 岛形，即在厨房内设置一处备餐台或吧台的厨房布置形式。

3. 厨房的设计要点

① 照明设计。厨房是操作区域，照明设计主要为满足操作行为的明视需求。封闭式厨房的照明设计既要保证充足的照度，又要满足局部操作时的工作照明。通常采用混合照明方式，在顶棚设置吸顶灯作为一般照明，在操作台上方、吊柜或抽油烟机的下方设置局部照明灯具。开放式厨房的照明设计要统筹考虑，既要强调厨房与餐厅的关联性，又不能忽略操作照明的重要性。通常，在厨房、餐厅分别设置局部照明灯具，如在餐桌上方设置筒灯或艺术吊灯照亮台面。

② 在厨房设计中，冰箱储藏区、洗菜水池和烹饪灶台区三者相隔不宜超过 1 米，橱柜工作台离地面的高度为 75 ～ 80 厘米，工作台面与吊柜底的距离为 50 ～ 60 厘米，放炉灶的台面高度不超过 60 厘米。

（五）卧室设计

1. 卧室功能设计

卧室的核心功能是为居住者提供休息和睡眠的场所，使居住者能够在安静、舒适的环境中安然入睡，因而，卧室应具有很强的私密性，避免受到外界环境中声音、光线、视线等因素的干扰。

在卧室中，居住者还可以进行一些休闲娱乐活动，如看电视、看电影、听音乐、阅读、玩游戏等，以放松心情、缓解压力。卧室的私密性还能保证居住者在进行这些活动时不会影响到其他家庭成员。

有的住宅由于面积较小或出于其他原因无法设置独立的书房，而居住者又有着阅读、工作等需求，因此，卧室常常会带有小型的工作区域，布置书桌、书架、休闲椅等家具，作为书房使用。

居住者在就寝、起床后，都有更衣、梳妆的需求，因而卧室中应划分出一定的储藏空间，用于收纳衣物、床品，以及一些私人物品。

2. 卧室空间设计

（1）标准型

标准型是将床放置在房间中央，衣柜、椅子等辅助类家具以床为中心分布在四周的卧室布局形式。为了避免空间过于狭窄和拥挤，床与周围的家具或墙面之间应留出至少足够一人通行的距离。

（2）倚墙型

倚墙型是将床紧贴墙边摆放的卧室布局形式。由于在该布局中，人体与墙面之间有着非常紧密的接触，为避免墙面磨损或沾染污物，应选择一些易于清洁、耐磨、硬度较大的墙面材料，或通过贴壁纸、安装墙围等方式对可能与人体发生接触的区域进行特殊处理。

（3）倚窗型

倚窗型是将床紧靠窗口摆放的卧室布局形式。这样的布局形式可以使阳光直射床铺，起到杀菌、除湿的作用。此外，充足的自然采光还能使空间温馨、舒适，提高居住者的幸福感。

（4）套间型

套间型是通过推拉门、屏风、幕帘等实体隔断将卧室划分为多个次级功能区（如睡眠区、工作区、储藏区等）的卧室布局形式。隔断结构使得各个区域之间具有一定的独立性，减少了相互之间的干扰。

3. 卧室设计要点

（1）照明设计

由于卧室功能的多样性，其照明设计应根据不同的功能设置不同性质的灯具。为营造出温和、宁静的睡眠氛围，卧室主灯宜选择间接照明型灯具，且亮度不宜过强，有吊顶的卧室甚至可以不设主灯，而是通过隐藏在吊顶结构里的筒灯、灯带形成整体照明。床头、书桌、休闲椅旁则应设置亮度适宜的台灯、落地灯、壁灯等灯具，以满足居住者的工作、阅读等需求。

（2）界面设计

卧室的隔声、保暖功能可通过地面和墙面的设计来实现。卧室的地面宜选用木地板、榻榻米等，部分区域可铺设柔软的地毯。这些材料保温性好，美观自然，给人以温暖、舒适、静谧的心理感受。墙面可以使用富有肌理的墙纸和涂料，也可以进行适当的造型设计。例如，使用木质饰面板或软包对床头或床尾处的背景墙进行装饰，不仅具有吸声功能和保护作用，还能够提升卧室的艺术格调。但应注意的是，过于夸张的墙面造型会破坏卧室的安静氛围，因此卧室的墙面设计应适度，能够与住宅整体风格相协调即可。

（3）布艺陈设

布艺品在卧室的隔声和保暖方面也起着不可或缺的作用。卧室窗帘宜选择遮光能力、吸声能力和保温能力都较强的厚质材料，有特殊需要时还可以设置双层窗帘，以营造出安静、温馨的睡眠环境。在桌椅、飘窗等位置铺设桌布、坐垫、靠垫，也能够使居住者感到温暖、舒适。

（4）收纳设计

衣柜是卧室基本的储物家具，用于储存衣物、床品、被褥等物品，通常沿着进门后的墙边布置，为节约空间，也可以采用嵌入式。除衣柜外，还可以摆放一些小型的床头柜、电视柜、五斗橱等柜类，收纳一些比较零散、使用频率较高的杂物，与衣柜之间形成功能上的配合。此外，在空间充足时，还可以设置单独的储藏室或衣帽间。

（六）书房设计

1. 书房的功能设计

书房是居室空间中私密性较强的空间，是阅读、学习和家庭办公的场所。书房在功能上要求创造静态空间，以幽雅、宁静为原则。书房一般可划分为工作区和阅读藏书区两个区域，其中工作区和阅读藏书区要注意采光和照明设计，光线一定要充足，同时减少眩光刺激。书房要宁静，所以在空间的选择上应尽量选择远离噪声的房间。书房的主要功能是看书、阅读和办公，长时间的工作会使视觉疲劳，因此书房的景观和视野应尽量开阔，以缓解视力疲劳。藏书区主要的家具是书柜，书柜的样式应与室内的整体设计风格相吻合，如欧式风格用对称的拱式书柜、中式风格用博古架、现代风格用方正的几何形等。书房要有较大展示面，以便查阅，还要避免阳光直射。

2. 书房设计要点

（1）照明设计

书房作为学习、工作、阅读、思考的空间，需要安静、简洁、明快的光环境，以帮助人们缓解精神压力，放松心情，从而提高工作和学习效率。书房应选择朝向好（如朝南、东南、西南方向）的房间，以便充分利用自然光源。书房的人工照明主要遵循明亮、均匀、自然的设计原则，在布灯时要协调一般照明和局部照明的关系，注重整体光线的柔和及亮度的适中，避免形成过于强烈的明暗对比，而导致人眼在长时间的视觉工作中产生疲劳感。

（2）色彩设计

书房要为使用者提供良好的工作、学习环境，除了依靠照明设计外，还要考虑色彩搭配产生的视觉效果。不同的颜色能传达给人不同的情感情绪，如过于鲜艳的颜色会使人产生倦怠的感觉，而过于深暗的颜色又会让人的情绪变得沉重。因此，书房的色彩多以浅色系（大多数书房会选择白色作为主色调）或原木色系为主，营造亮堂、平静、轻松的空间环境，以利于使用者集中精力工作、学习、阅读和思考。为了避免空间的单调感，可以利用深色家具做小面积的点缀，使空间富有层次感。书房的色彩设计主要涉及天棚、墙面、地面及家具颜色的使用和选择，具体配色方案应综合考虑使用者的身份、性格、工作、喜好及整体住宅的装修风格等方面。总的来说，书房的色彩搭配要显得柔和、宁静，尽量避免使用过于跳跃和对比强烈的颜色，从而干扰居住者的心性。

（3）家具设计

通常，书房的主要家具有书桌、书柜（书架）、座椅或沙发。书桌是书房中必不可少的家具，其种类、样式丰富，在形式上可分为独立式书桌或与书柜相结合的一体式书桌。由于书桌的使用频率较大，在选购时要确保其安全性，如桌面的处理要细腻光滑；书桌的边角应圆滑流畅，以圆形或弧形收边为最佳；桌腿的固定性好等。此外，还要确定书桌的尺寸。书柜不仅能够藏书，而且还为书房增添了书香气息。书柜的种类、样式繁多，按材质分主要有木质书柜和玻璃书柜两类。

木质书柜从古延续至今，给人以庄重、豪华、大气的感觉；玻璃书柜一般由玻璃和其他材质（如木质材料、金属材料等）组合而成，具有时尚感和现代感。书柜的尺寸可根据书房空间的大小和收藏书籍的多少而定，空间大、藏书多的书房，选用高度和宽度均较大的书柜；空间小、藏书少的书房，可选用体积轻便的书架或装饰感强的小型书柜。

（七）卫生间设计

卫生间是住宅中最基本的功能空间之一，其使用频繁，且具有较强的私密性。卫生间能够反映家庭成员的卫生习惯，越来越受到人们的重视。

1. 卫生间的功能设计

卫生间不仅是人们生理需求的场所，而且已发展成人们追求完美生活的享受空间。功能从如厕、盥洗发展到按摩浴、美容、疗养等，帮助人们消除疲劳感，使身心得到放松。根据卫生间的平面形式和面积尺度，卫生间的平面布置主要有两种形式：一种是洗浴部分与厕所、盥洗部分合在一个空间，这种形式在设计布置上应考虑将厕所设备与盥洗设备分区，并尽可能设隔屏或隔帘；另一种是盥洗部分单独设置的形式。这种形式最大的优点是方便使用，互不干扰，适用于卫生间面积较大的空间。

2. 卫生间设计要点

（1）墙面

墙面是占据卫生间面积最大的界面，在进行墙面装饰时，要充分考虑整体性，使墙面和整个空间形成统一的整体。此外，墙面的装饰效果对美化卫生间环境起着十分重要的作用，可利用图案、质感、造型等形式创造艺术效果。卫生间的墙面应使用防水性强、抗腐蚀、抗霉变的材料，如大理石、瓷砖等。

（2）天棚

卫生间的天棚通常采用防水材料，形式多以平顶为主，有些面积较大的卫生间，也可设计成有造型的吊顶。卫生间天棚的常用材料有防水石膏板、集成吊顶（铝扣板）、PVC 铝扣板等。

（3）地面

卫生间属于湿环境空间，地面材料应具有较高的安全性、防水性和排水性。通常，选用防滑、耐脏、易清洁的地面材料，如防滑地砖、大理石、磁砖等。另外，在铺设地面材料时，需在表层下做防水处理。

（4）照明设计

卫生间的多功能性要求照明设计应考虑不同行为所需，通常采用一般照明与局部照明相结合的方式。卫生间一般照明灯具通常采用磨砂玻璃罩或亚克力罩吸顶灯，也可采用防雾筒灯，以阻止水汽侵入发生危险。卫生间的照明光源以暖白色为主，可创造出干净、整洁的卫生环境。卫生间的局部照明主要针对洗漱池和浴室而设。洗漱池的灯光设计比较多样，但以突出功能性为主，可在洗面盆上方或镜面两侧设置局部照明灯具，使人的面部有充足的照度，以方便梳洗。浴室或浴缸区可在天花板上设置射灯或顶灯，也可利用壁灯营造一种温馨、轻松的沐浴氛围。

二、办公空间设计

（一）办公室内空间设计要求

1. 精神功能设计要求

精神功能设计要求有以下几点。

（1）秩序感

设计的秩序感在这里指在设计中通过形的反复、节奏和形的简洁、完整创造一种有序、整齐、平和的办公环境，秩序感可以通过平面布局的规整性，天花板与墙面的简洁性，家具样式与色彩的统一，隔断样式尺寸和色彩、材料的统一等多方面的手段来实现。

（2）明快感

明快感就是指办公环境要满足色调干净明亮、光线充足、照明合理的要求，营造轻松明快的工作氛围，给人以愉悦的工作心情，明快感多通过如浅绿、浅蓝等明亮柔和的色调来营造。

（3）现代感

现代感顾名思义，就是指办公场所的设计要符合现代审美情趣和工作观念，现代较为流行的共享型开放办公室就迎合了现代企业方便交流、民主管理的需求，简约主义风格的广泛运用和引入自然景观的装饰手法都是办公场所设计现代感的体现。

除此之外，在办公场所的室内环境设计中导入企业形象战略，通过标志、标准色、标准字的整体使用，突显出企业文化和精神，这也将是现代办公环境设计的发展新趋势。

2. 使用功能设计要求

办公场所分为很多种，总体设计要求大致有以下几点。

① 分配比例要根据用房的大小以及室内布置设备的数量综合判定，同时还需要根据办公场所的使用性质和现实需要来确定，同时，还要对以后功能、设施可能发生的调整变化进行适当的考虑。

② 在布置房间的位置时要考虑到房间的功能性以及可操作性，是布置在入口的位置合适还是布置在区域的中间位置合适。例如，收发室或传达室通常情况下设置在出入口处，会客室和有对外性质的会议室、多功能厅设置在临近出入口的主通道处，同时，人数较多的房间还要特别注意安全疏散通道的设置。

③ 在进行大型办公场所设计的时候，要充分考虑空间的不同功能特征。在有些情况下，如当办公与娱乐功能的空间组合在一起时，就需要尽可能地单独设置不同功能的出入口，避免相互干扰。

④ 从安全疏散和便于通行的角度考虑，走道远端的房门到楼梯口的距离不应大于 22 米，走道过长时应设采光口，单侧设房间的走道净宽应大于 1.3 米，双侧设房间的走道净宽应大于 1.6 米，走道净高不得低于 2.1 米。

⑤ 办公场所内要有合理、明确的导向性，即人在空间内的流向应忙而不乱，流通空间充足、有规律。

（二）办公空间设计

在办公空间设计中，满足办公的使用功能是最基本的要求，尽管办公的机构性质各不一样，但在功能分区和设备的配置上是大致相同的，也是有规律可循的。办公空间根据其空间使用性质、规模、标准的不同，可分为主体工作空间、公共使用空间、交通联系空间、配套服务空间以及附属设施空间等。合理地协调各个部门、各种智能的空间分配，协调好各功能区域的动线关系，做到不影响办公区的工作环境，同时满足办公人员的使用便利和自身功能要求，是进行办公环境设计的主要内容。

1. 主体工作空间

工作空间是办公空间的主体结构，根据空间类型可分为员工区、主管办公室和领导办公室。不同性质的机构根据工作范畴可分为主管、市场、人事、财务、业务和 IT 服务等不同部门。在进行平面布局前，设计者应该充分了解客户所在公司的部门类型、人数以及部门之间的协作关系，计算出所需要设计的基本功能分区的面积。

（1）员工区

通常将员工区设计成一个开放式的办公区，员工的工作位之间不加分隔或利用不同高度的办公矮隔断分隔空间。

（2）主管办公室

主管办公室应与其所管辖的部门临近，可设计成单独的办公空间，或者通过矮柜和玻璃间壁将空间隔开，并面向员工方向。空间内除了设有办公桌椅、文件柜之外，还设有接待谈话的座椅，在面积允许的条件下还可以增加沙发、茶几等设备。

（3）领导办公室

领导办公室主要是供企业（单位）高层管理人员使用的办公室。领导办公室应选择通风采光较好且方便工作的位置，其空间要求相对闭合、独立，这是出于管理便利和安全的考虑。领导的工作区域面积要宽敞，办公桌尺度较大，工作活动区面积为 7 ～ 10 平方米。

2. 公共使用空间

公共使用空间是指办公楼内前厅、接待区、会议室、陈列展示区等共用的空间。一方面，公共使用空间在功能需求上提供相同的设施服务；另一方面，公共使用空间在工作方式上又可以根据工作者的不同需求满足其生理及心理上的需求。公共使用空间是来访者经常会进入的空间，可谓企业的橱窗，是来访者对企业形象的第一印象，因此也是办公空间设计的重中之重。

（1）前厅、接待区

前厅处于整个办公空间的最重要位置，是给来访者第一印象的地方，也是最能体现企业文化特征的地方，要精心设计、重点装修。接待区主要是洽谈和客人等待的地方，是公司或企业对外交往、宣传的窗口。接待区的空间形式有开放式、半开放式和封闭式。

（2）会议室

会议室是用来议事、协商的空间，它可以为管理者安排工作和员工讨论工作提供场所，有时还可以承担培训和会客的功能。会议室内一般配置多媒体设备和会议桌椅，需根据人数的多少、会议的形式、会议的级别等因素来确定座位布置形式。会议室的面积需根据平均出席的人数确定，空间形态和装饰用材应考虑室内声学效果。

（3）陈列展示区

陈列展示区是各机构对外展示企业形象，对内进行企业文化宣传、增强企业凝聚力的场所，应设立在便于外部人参观的动线上。另外，也可以充分利用前厅等待区、大会议室、公共走廊、楼梯等公共空间的空闲区域或墙面作为展示区。

3. 交通联系空间

交通联系空间包括走廊、过道及楼梯。交通联系空间是办公空间设计中不可缺少的部分，这些空间是连接各个办公区域的纽带，影响到整个空间格局的利用。同时，合理的交通联系空间的设计可以极大地提高办公空间的利用率，还可以体现出整个公司的企业形象。

4. 配套服务空间

配套服务空间是为主要办公空间提供信息、资料的收集、整理、存放需求的空间以及为员工提供生活、卫生服务和后勤管理的空间，主要包括为办公提供方便和服务的辅助性功能空间，通常有资料室、档案室、文印室、计算机房、晒图室、员工餐厅、茶水间以及卫生间、后勤室、管理办公室等。

5. 附属设施空间

附属设施空间是保证办公楼正常运行的附属空间，通常包括配电室、监控室、中央控制室、水泵房、空调机房、电梯机房、锅炉房等。根据设备的大小、规模、功能和其服务区域以及附属设备用房的尺度、安置位置均会有所不同，大型或危险系数较高的附属设备通常会远离公共办公区域，小型设备则可就近安排在保管维修部门之中。

（三）办公空间设计要点

（1）办公空间家具设计

办公家具是办公空间的基础设施，是办公空间的主体，与人的接触最为密切，它设计的好坏直接影响到工作人员的生理和心理健康、办公质量和效率等。

（2）办公空间绿化设计

随着现代化城市的飞速发展，以及现今快节奏的生活方式，人们亲近自然的机会越来越少，特别是长期生活、工作在室内的人，更渴望周围有绿色植物。因此，将绿色植物、山石和水体引入室内，使它们成为室内环境的组成部分，它们不仅可以用来观赏，还给人以美的享受，更多地提高环境质量，保证人们的身心健康。

（3）办公空间陈设设计

以往传统的办公空间设计往往忽略室内陈设品的设计，随着时代的发展与人们对高品质生活的追求，办公空间室内陈设品是继办公家具、办公绿化之后的又一室内设计的重要内容。在到处是文件柜和工作台的办公环境中适当设计一些陈设品，对渲染气氛、美化环境、锦上添花、展示企业形象是很有必要的。

三、商业空间设计

（一）商业空间功能设计

1. 超级市场空间设计

超级市场的空间布局最大的特点在于，不同的商品区域划分泾渭分明，广告媒介宣传明确，货架整齐划一，根据不同商品的结构特点设置不同功能、造型的陈列柜架，造型设计风格基本统一。POP广告布置生动灵活，价格表明确到位。超级市场以其自选商品的特点给消费者带来方便的同时，却也给商场业主的商品安全性带来不安全因素。所以，商场空间中的监视和报警系统设计也是超级市场的重要设计内容之一。

2. 商场营业厅设计

营业厅是商场展示商品进行营销活动的重要场所，是顾客进行购物活动的核心空间。营业厅的设计形式和整体风格决定着整个商场的品位与格调，同时也是使消费者对商场环境留下整体印象和能否吸引其驻足购物的关键因素。营业厅中的商品是所有环节中的关键，是商场营业活动中的“主角”，所以如何去展示商品也就成了整个设计中最重要的问题。营业厅突出商品的台面设计一般有下面几种方式。

（1）开架式

开架式适宜于销售挑选性强，除视觉审视外，对商品质地有手感要求的商品，如服装、鞋帽等。商品与顾客的近距离接触通常会有利于促销。目前，很多的商场采用开架式经营方式，符合人性化设计。

（2）闭架式

闭架式货架由于其商品与消费者之间是由隔板或者整个玻璃台面隔开的，因此此类货架只适合观看型的商品，如药品。

（3）半开架式

商品开架展示，但进入该商品局部领域是要设置入口的。

除上述三种类型之外，还有些层次较高的店铺为了满足顾客的需要或者商品的性能需要，还常常设有洽谈区，以供消费者购买之需要。

3. 精品专卖店设计

精品专卖店的设计要求空间的划分和展示台架的设计要有很强的设计美感。

精品店不是一般商品销售区域，它应让消费者在购物过程中得到美的愉悦享受，所以要把人体工学规律性的尺度数据转换成不同顾客所需求的个性化尺度数据，这样才能满足不同身高、不同性别、不同年龄层次的顾客便于拿取商品。在精品区域购物，货架和展台设计必须要始终遵循人性化的设计理念，哪怕是小小的局部设计都要细心去考虑消费者的感受。

（二）商业空间的设计要点

1. 功能环境设计

（1）人流动线设计

人流动线设计的主要内容为商业空间人流分布运动的合理设计，直接影响到顾客在商场内的各项活动和安全疏散。

（2）人体工程学设计

人体工程学设计主要是和商业活动有关的人体静态、动态的尺度以及对相关设计的基本要求。

（3）功能空间设计

功能空间设计主要是构成商业空间的各功能空间的功能分区、布置原则和具体的布置要求。

2. 视觉环境设计

（1）空间界面要素设计

界面要素主要包括地面、顶面、墙面、柱面等，它们构成了主要空间形态。界面的处理直接影响到空间的整体效果。

（2）空间景观要素设计

景观要素主要包括家具与陈列、广告与标志、水景与绿化、光与色的设计，是商业空间设计的主要组成部分。

3. 技术环境构成要素

技术环境构成要素主要包括空气净化系统、防火系统、声响控制系统和防盗系统。

4. 商业空间界面设计

（1）地面设计

设计师应在考虑商场空间整体设计的前提下进行地面设计，风格宜统一大方，忌烦琐小气。在一般情况下，在入口、中庭或部分景观等面积较大、较为空旷之处，可根据局部需要做单独处理。在人流相对集中的入口、楼梯、自动扶梯、主通道等处以及部分休闲空间、观赏空间的地面，适用花岗岩、地砖、人造石材等硬质耐磨材质。木地板等软质饰材适用于销售区和店中店地面。

（2）天花设计

商业空间的吊顶设计应统一在同一种装饰风格内。商场内部空间的入口、中庭、自动扶梯以及中心展示区等处的设计，应与商场建筑形态相结合，以形成具有特色造型的顶棚空间。设计师在设计大厅吊顶时，应考虑空间高度以及风机盘管、喷淋系统、建筑横梁所占据的空间高度。大厅吊顶是通风、消防、照明、音响、监视等设施的覆盖面层，因此吊顶设计应方便这些设施的安装和维修。

（3）立面设计

商场特殊的空间要求决定了墙面处理的特殊性。大部分墙面都直接被货架、更衣间、仓储等空间占用，只有少部分暴露在外，而这少部分墙面又多集中于入口和货架的上部空间。商场墙面设计应以整齐简洁的形象来衬托商场内的商品，并通过一定的色彩、材质和造型来达到引导顾客的购物行为、展示购物区域的目的。

（4）柱面设计

同一空间内的柱面设计一般应统一于一个造型，并且该造型符合整体设计的风格与要求。柱面造型应以简洁大方为设计标准，并能衬托周围商品及有利于商品展示。设计者在设计柱面造型时，应注意柱子与吊顶、地面之间的收边处理，以及造型间的连贯性。

四、展示室内空间设计

（一）展示空间的功能设计

任何类型的展示空间都可以分为以下三个主要的功能分区。① 信息展示空间。它是产品展示、信息发布的地方，空间的大小及形状由展品数量、规格决定。展示空间的设计要以吸引参观者为目的，流线设计和展品的布置应使参观者越往里看越感兴趣。② 公共活动空间。它是供参观者活动的区域，需要足够的面积以方便人群的流动，并且在此空间停留交谈时不会影响其他人出入，必要时应设置临时的休息空间。③ 辅助功能空间。如储藏间、工作间和接待间。其中接待间多是为方便展商与客户相互交流洽谈而设计的。这类空间经常被安排在信息空间的结尾处，具有一定的隐私性。

展示空间的功能要求如下。① 布局。展示设计要具有合理的空间结构和平面布局，注意充分利用空间。② 声光。提供符合使用要求的声、光效应，以满足展示空间的功能要求。③ 界面。展示设计要具有符合视觉造型规律的界面处理、符合建筑物特征的环境气氛。④ 色彩。在展示活动中展示主题色、企业标准色、商标图形标准色，在整个展示过程中起到良好的指示和诱导作用。⑤ 材料。展示设计要符合可持续发展的要求，应考虑环境的节能、节材。

（二）展示空间设计的原则

1. 总体与设计统一

展示艺术的突出特点，是展示的设计与实施的主导，展示会成功的基础更是基于此。总体设计与统一设计是确立创意方向和基调定位的关键过程，设计师应大胆探索、勇于尝试、富于幻想，使设计新颖别致、感染力强。

2. 突出主题与风格

主题与风格体现某种观念或理想的“格调”。例如，商品展的设计要围绕商家的市场目标与营销策略这一主题，在此基础上思考内容与形式相符合的构想。

3. 具有吸引力

展示设计的根本功能是传递信息，如何在最短的路线、有限的空间内寻求一种独特的主题符号（生态的、历史的、未来趋向的），从而吸引更多的目标观众，看到和想到更多的东西，获取准确的和更多有价值的信息，是一项设计中的设计师所必须关注的问题。

4. 内容与形式统一

展示空间的内容与形式有很多，有商品展示、绘画作品展示、高新技术展示以及博物馆展示等。其展示的目的不同、设计中包含的内容不同，相应的设计要求也是不同的。根据展示的目的、展出商家所要表达的主题以及展品的特性进行空间设计，以衬托其展示效果。

5. 选材与制作统一

在整个过程中，从设计到材料的选择，以及整个加工过程中所有开支的预算再到最后的实施，所有过程之间都存在紧密联系。从成本的角度出发，在保证质量的前提下选取最为合理的材料，才能保证获得想要的展示效果。

6. 体现真实性与规律性

展品以实物为基础，实物一要博采，以全其貌；二要原件真品，以稀为贵。实物主要讲究序、时、经略分明、时空有理，这是展示科学性的重要标志之一。

7. 高效率

高效率体现为要充分地利用空间，在有限的空间内发挥出最大的作用。

8. 设计要服务于大众

设计服务于大众，设计的主体是人，所以要在设计中体现出人的特性，同时这也是设计的基本要求。

9. 对比与变化统一

对比与变化是展示艺术灵魂的升华，通过对比才能更好地突出我们想要表达的内容，这不仅有利于调动视觉的兴奋，还能达到衬托展示的主体、加强展示的个性与多样性的目的。

（三）不同类型室内展示空间设计

1. 展示馆室内空间设计

（1）布局开阔、合理，给参观者充分的活动空间

展示馆的空间在布局上应力求营造出高大、宽敞、明亮的环境氛围，使人同样有在室外空间的感受。展示馆的展示空间所需要的展场面积应该比较宽松，有一定序列的交通线路。配套服务的功能区域和展示区域应相对独立地划分，以此营造浓郁的文化气息和恬静的展馆氛围。很多配套服务的功能区域，如办公室、洽谈室、销售区、卫生间等都应该不占据展场面积，这些服务需要另外安排出相应的合理面积。

（2）营造安静的展馆环境，突出文化品位

安静的展馆环境给人以清静安逸的感觉，使参观者能够放松身心，以良好的状态进行参观。展览中除了突出展示的展品外，应该尽量避免其他物件的干扰。这就需要精心设计出适宜的展具和陈设，展示道具的造型、色彩、材质与肌理等方面，应与展示环境的风格、展示性质和展品特点相一致，进行定向、定位设计。展品既是展示馆里的主体，又是整个展示馆的空间在布局上不可或缺的构成元素，正因为展品不仅具有艺术价值和艺术效果，而且更主要的是增加了环境的文化气氛和艺术品位，所以展示馆不同于商业展示，强调一种安静舒适的参观环境，突出一种高层次的文化品位。

（3）合理的灯光照明布置

由于展示馆的展品大多为具有价值的文物或艺术品，所以在光照度上有极其严格的要求，这就产生了一定的矛盾。许多展品只有提供日光效果的照明，才能达到最佳展示效果，但同时日光直射对展品会造成损害，所以大多数展馆提供柔

和自然的照明配置，既达到较好的展示效果，又避免了日光对展品的损害。光是展览空间里的重要组成部分，照明系统的配置不仅要注意突出展品的地位，而且还不能使用过强的光源，要兼顾到二者之间的平衡。

（4）风格统一的展示空间

展示馆与展品在风格上应该统一，根据空间的大小合理选择与布置展品的数目，强化展示功能，不掺杂商业品牌形象，强调展品本身的视觉冲击力，宁可减少展品的数目，也不能贪多而降低整个展示馆的品质，以强调风格上的一致为主。同时，展示设计应有主有次，形成展示的节奏感与层次感。整个空间可以形成一至两个视觉中心点，视觉中心点应突出重要的展品，选择中心位置，将局部地面抬高，设置固定或旋转展台。主展台的色彩、灯光、材质上的适当变化，也能突出重点展示空间，推出展示过程中的高潮部分，获得最佳形象效果。

2. 展示会室内空间设计

（1）以展示展品为核心

在进行展示会设计之前，首先要对所服务的参展商的参展意图进行分析，每一个不同的展览都有不同的商业目的，主要针对的观众群体也各不相同。有些纯属专业范围的展示，所面对的观众都是专业人士；有的注重形象推广，有的强调现场展销。但不管怎样，基本都包括展品的展示、顾客接待、业务洽谈、咨询服务、内部办公等几大部分，以展品的展示为主体空间，其余空间围绕其布置。

（2）合理的布局

在进行展示会设计时，合理的布局与空间分隔，可以使顾客自然随意地在展示会内进行各项活动而不感到困扰。每一个功能空间可根据其自身功能需求的不同，精心设计赋予不同的形态与形象特征，创造出丰富多变的空间，使参观者在进入展示区之后，能够体验到舒适优雅的氛围，驻足停留以获得更多的信息，感受到体贴入微的人性化设计并被深深吸引。同时，展示的设计应考虑到观众的流动，应促进展商与观众的交流，还要留出洽谈、演示及储存的空间。

（3）人流线路设计

人流的方向和展示主立面方向是设计者需要认真考虑的问题。在大型展馆中，人流的线路较复杂，除非主办者在参观路线上划定流向，规定观众的参观顺序，否则很难掌握观众的参观线路。在这种情况下，就要抓住展馆的主入口方向，示以醒目的标识或造型，设计出观众“观望—进入—参观—回顾—离开”的一系列心理空间。

3. 展示场室内空间设计

（1）展示场的门面

一个好的门面会给顾客留下美好的第一印象，能直接刺激顾客的购买欲望，吸引顾客入店参观，所以，门面、入口是销售的“前奏曲”。门面是展示场建筑的整体外观，集中展示了形象、个性及功能特色。① 招牌。招牌的标志构件一般包含门头招牌、落地展示牌（屏风）、挂墙展示构件等，最好有招牌专用的照明系统。② 橱窗。橱窗用来展示有特色的商品及烘托气氛，是门面设计的重要组成部分。③ 绿化。绿化与展示场建筑相结合，共同构筑一个完美的外部形象，为顾客创造出清新洁净的整体环境，并给展示场建筑增添了生机勃勃的自然气息。④ 室外地面设计。通过对各种材质、结构、色彩及图案合理有效地组合利用，能够使空间的艺术形象丰富化，增强人们的视觉感受。

（2）展示场的橱窗

橱窗是展示场的眼睛，是展示品的演示台，集中了展示场中最敏感的信息。对于半开放型或开放型的展示场来说，橱窗是最具艺术性的结构，有着其他装饰无法替代的作用。

第三节　景观环境设计

一、街道景观环境设计

城市广场一般是高密度人群的聚集处，是给人们提供聚集和交流的场所。现代的广场是多功能场所，它可以最大限度地提供和满足广大市民的多种需求。广场是由周边的建筑或道路界定出其特定区域，如市政广场、纪念广场、交通广场、商业广场、休闲娱乐广场。而街道景观环境设计是合理地分配景观环境中的各种要素，以良好的形式表现各自所具有的功能，取得多方面的功能平衡，做到整体形态的统一。

（一）街道景观环境要素设计

1. 建筑及立面

沿街建筑是城市街道的天然边界，是街道景观的重要组成部分。建筑、街道景观和谐与否，直接影响着街道景观的整体感受。沿街建筑在满足使用功能的前提下要与街道的性质相适应。建筑是体现地域特色的最重要载体，街道景观体现城市历史文化的重要形式就是对于沿街建筑立面的设计，从建筑外立面形式、构造等方面体现文化内涵。沿街建筑的高低进退所划分出的街道空间影响着街道空间的布局，而其所形成的轮廓线也是街道景观的重要边界。利用建筑设计，形成完整的街道空间，并辅以一些人们交往游玩的空间。建筑外立面的色彩也是街道景观环境设计的组成部分。将其与所处的位置、建筑功能、街道景观设计的其他要素以及当地的气候特征等相结合进行协调，形成一条景观风格协调的街道。

2. 绿化

街道景观中的绿化设施属于人工微环境的一种。绿化所形成的廊道，对城市环境起到了很好的重构作用。这种重构来源于绿化走廊所拥有的分割屏障、连通过滤等功能。街道绿化的方方面面都要考虑到街道最基础的交通功能。而在商业型街道中，要注意绿化对于人们在街道停留、通过时间的影响。通过对植物的合理搭配，符合商业型街道繁华的商贸内涵和特点。而生活型街道则更注重绿化的实用性，与商业型街道在绿化的搭配上应有所区分。景观型街道由于其定位的不同，对于绿化的要求除了实用功能，其美学要求更上一层，除了高低搭配，还应该有一定的种类变化，增强变化的意趣性。

3. 路面铺装

街道在城市构成中的重要特点是具有交通属性。城市街道路面铺装的设计，首先要满足交通的需求。根据交通需求的不同，对路面铺装的材料、构成、形式等进行筛选。基本的交通需求需要路面铺装满足承压强度、摩擦强度等方面的感受，具体来说就是，满足车辆对道路的压力以及提供足够的摩擦力，而铺地材料还要有足够的强度，在一定期限内不能出现质量问题。在满足基本的交通需求后，路面铺装就要满足其作为街道景观构成要素的要求了。

4. 景观小品

通常进行城市街道景观设计的时候，我们认为景观小品主要是指街道上的雕塑、各类构筑物等。但是随着设计领域的不断扩充，很多以前不属于景观小品的元素也进入了景观小品的范畴，如街道标示的承载物、沿街庭院隔离的围墙、小型喷泉等。

5. 公共服务设施

公共服务设施首先要满足功能需求。完整的街道公共服务设施必须要形成一定的体系，满足人们街道生活的需求，它包括基础的售卖，生理需求（厕所、饮水），交通需求公共交通站点体系。当前街道中，由于之前建设的缺陷，并没有设置完备的公共服务设施，而是通过一些附属设施的设置，如移动售卖亭、简易公共厕所等，来补足公共服务设施体系。在这个补足的过程中，很多时候并没有整体的设计，这也造成了街道景观的混乱。

6. 广告设施

当前街道空间中，广告设施所占的空间越来越大。传统的广告设施即店铺的门头，当然我国古代还发展了“幡”这种广告形式。随着科技的发展，越来越多的广告设施出现在街道中。广告设施作为一种直观的宣传形式，在现代城市街道中出现的频率较高。在街道空间中，在人们视线可达的范围内，在不违反相关法律法规的前提下，都可用于广告设施的设置。

7. 照明设计

随着科学技术的发展，照明技术越来越高。在城市景观设计中，不但要考虑到街道在白天的景观形象，还要注重夜间的景观形象设计。夜间景观形象的呈现就是依托照明技术来实现的。

8. 色彩设计

建筑——建筑立面是城市街道景观中的主体部分，因此建筑立面色彩也是城市街道景观的主角，其色彩关系直接影响到一个城市色彩的美。建筑立面色彩的搭配，可利用色彩的主次性、相似性、对比性等特性使建筑色彩运用各具特色。然而，建筑屋顶的色彩却是设计者常常忽视的区域，屋顶色彩的合理运用可以为城市景观增色，避免城市鸟瞰景观的单一，能够增强城市的吸引力。对同一街道的建筑立面色彩进行整体设计，提出一个色彩体系，建筑外立面色彩在有一个统一色调的同时还有一些变化，不至过于呆板。街道广场色彩——根据不同的广场用途，采用不同的色彩体系。大型的公共广场采用大气内敛的色彩设计，体现一种稳重的内涵，同时可以辅以城市文化主色调进行设计。小型的市民广场，色彩设计则可以相对出挑，形成独有特色，增加对使用者的吸引。环境小品色彩——在对环境小品进行色彩设计的时候，对各个种类的小品进行分类。有的小品可以采用重色彩，有的则采用淡色彩，使街道中小品的色彩成为街道空间的点缀，丰富街道的色彩。灯光色彩——夜间灯光照明，城市街道景观在夜间如果缺少灯光照明的映衬，就会呈现一片漆黑的景象。夜间灯光除了提供照明功能之外，还能够映衬城市建筑物、景观小品、草坪、树木及水体，构建千变万化的光影世界，同时兼具了实用功能与美学功能。

（二）不同类型城市街道的景观环境设计

1. 城市快速路景观环境设计

城市快速路系统包括轻轨、地铁、高架或地面快速路。高架快速路作为城市景观系统的“新成员”，对城市景观影响的主要体现：一是增加了对城市景观的观赏视点；二是增加了城市景观的观赏内容。使快速路与城市景观空间相融合是城市系统的整体设计。在城市快速路上，机动车道两侧不应设置非机动车道，在机动车道中间，设置中央隔离带，分散对向行驶的车流，减少交通隐患。严格控制与快速路交汇的道路数量，加快城市快速路的交通畅行。对有条件的城市，在必要的路段，可以设置高架的形式，形成立体化的空间形态。因此，基于我国的国情，我们提倡公交系统优先的城镇式轨道交通发展模式，在大规模汽车化时代到来之前，建立这样的体制是十分必要的。

2. 城市主干道景观设计

城市主干道路是交通型街道，其主要的功能是解决交通问题，同时也兼有一定的街道功能。在现代社会中，在交通型街道的两侧不宜建设大量的公共建筑，否则会出现交通的混乱和人流的大量集聚现象，特别是在交通性干道的交叉口处。城市主干道的设计由于受交通速度的影响，通常情况下多采用直线型的设计手法。即使采用曲线型的设计手法，也会选择半径较大或者较平缓的曲线类型。因此，直线型的设计不宜产生街道景观的空间特色，而往往在街道空间设计上采用一些措施来提升街道的形象。在城市街道中，建筑物或街道两侧的绿化树木与街道的宽度之比是城市内部结构的表现形式。相同级别的街道，往往高宽比很接近，这对于我们对旧城改造、新区开发，城市的整体结构的把握有着重要的作用。通过哈密尔顿和瑟斯顿关于高速运动时人们的视觉感知方式的五项定理，城市主干道的设计，要考虑建筑物的体量关系、建筑物的外轮廓线、建筑物的色彩可识别性研究，提高街道的特色性和形象性。由于在非机动车道上人们离建筑物较近，对周围建筑物的审视时间较长，建筑物的耐视性要求增加，因此我们在设计时要充分做到精、细、深，加强建筑物底层立面的处理，满足行人的视觉要求。而建筑物的细部处理一般根据人的视觉特点决定，建筑物的外观表现形式反映了城市的文化性和区域特色性，不仅突显了城市的独特，而且塑造了城市景观的协调、统一。

3. 城市支路景观设计

支路在解决必要的车行交通问题之后，应该以城市生活性为主，成为生活型街道，这里是城市街道生活的主要场所，是我们在空间景观塑造中的重点。生活型街道区别于交通型街道的是，它采取人车共存、以人为主的原则。让车行服从人行的要求，空间环境要有利于人在其中进行活动。要控制车行道的宽度，以限制车速，保障行人过街的安全；尽量增加人行道的宽度，设置足够的绿地和绿化带以及必要的座椅等小品设施，供行人休息、交往和观赏，为了配合车辆交通，要安排好公共交通的站点和私人小汽车的临时停放场地，做到街上井然有序。一个城市要做到这一点是不容易的，只有对道路系统、交通、管理甚至街坊区域划分等做全面的安排，才能够实现。

街道空间形式的设计首先要满足活动内容的需要，并根据街道的功能特点，可以考虑街道空间的适当变化，以适应人的尺度要求。横向空间——街道高宽比（*H/D*）是街道尺度的一个重要的衡量量度（*D* 为路宽，*H* 为旁边建筑高度）。有研究表明，当 *H/D* 为 1：1 时，注意力才比较集中，观察者较易注意到建筑的细部，这是全封闭的界限，空间保持平衡状态；当 *H/D*>1：1 时，空间是较封闭的，观察者能看到建筑的下半部，人的视线容易集中到细部上去，比如商业招牌，同时空间感觉较紧凑，显得繁华热闹，这对商业街是比较合适的；但当 *H/D*>2：1 时，空间就有幽闭感，这在一些传统巷道中是常见的；当 *H/D*=1：2 时，空间是封闭的，这种情况下观察者可以看到建筑的立面和细部；当 *H/D*<1：3 时，观察者可以有充分距离观赏建筑的空间构成，视觉开始涣散，细节部分开始消失，这在居住区道路中常见，此时空间不封闭；*H/D*=1：4 是看清建筑轮廓的界限。对于生活型街道，如果已经形成的既定空间过于开阔，可以采取将大尺度空间化整为零的方法。纵向空间——根据人的生理和心理特点，一般人的步行活动半径为 400 ～ 500 米，超过这个长度易使人感到疲劳，为了避免街道因距离过长而使人产生视觉上及身体上的疲劳感，有必要采取一定的措施。一是通过交通组织规划集中停车场和公交站点以及利用两侧胡同。里巷和建筑后的空地规划自行车停车点；二是形成有节奏变化的空间，通过街道上节点的处理，形成街道空间的开合和景观的变化，如交叉口处标志性景观、小型街头广场、街头休憩绿地等，创造休憩、娱乐的集中空间。尽量给人以富有变化的空间感受，使人在心理上产生步行距离缩短的感觉；三是街区环境一体化设计，加强生活型街道与周边道路之间的联系，将整个街区纳入考虑的范围之内，并使整体的微观环境设计延续其中，加强空间的流动感和纵深感，从而达到增强生活型街道空间趣味的目的。

（三）城市街道景观环境设计案例

1. 雁塔南路大唐不夜城段街道景观

雁塔南路大唐不夜城段（以下简称大唐不夜城）位于西安市曲江新区的核心地带，北起大雁塔南广场，南至雁南三路，东临大唐芙蓉，西接小寨商圈，以闻名世界的大雁塔为景观入口，是曲江新区仿唐文化展示的核心地带。它的全长约为1200米，道路红线为80米，为曲江新区主要视觉及景观活动轴，绿化率达到70%，属于城市景观性道路。

（1）街道建筑性质

街区位于曲江新区的核心商业地带，其周边建筑包括商业建筑、文化建筑等，如曲江新乐汇商业休闲街区、威斯汀大酒店、西安市音乐厅、西安市美术馆等。

（2）街道建筑立面

整个街区为了体现唐文化，建筑外立面上大量运用唐代的梁枋、斗拱、立柱、挑檐等元素，色彩以灰色为主，在象征结构构件的柱子上采用唐风红色。沿街建筑为三层高，檐口高度不超过12米。

（3）绿化植物

绿化植物以四季常绿植物为主，将乔木灌木与草坪结合设置。从道路两旁的树，向中心景观轴线由高到低布置，既起到了绿化的目的又分割了视线。在一些大片草坪中还散布着灌木，不至于使绿化显得过于呆板。

（4）路面铺装

道路断面为两块板，中间隔离带为景观轴线，双向四车道。道路铺装以青石板为主，力求复古唐风。中部景观轴线铺装偶有变换，以青石板与大理石交替布置。在南侧中段贞观之治雕塑群周围改用不同色彩的花岗岩铺装，凸显雕塑的主题。在道路中心的广场上，铺装随功能要求做出分界性的示意，并结合旱地喷泉设置独特造型。

（5）景观小品

沿景观轴线设置景观小品雕塑，并且雕塑之间文化内涵相互呼应。街道北半段设置唐代的文化展示雕塑——大唐群英谱雕塑。从佛教人物塑像到著名诗人雕塑及其著名作品的浮雕，再到书法、天文医学等雕塑。南段则集中体现了历史人物，设置了武后行从、万国来朝以及贞观盛世等主题雕塑群。并在最后的贞观广场上设置了唐太宗的雕塑，即对万国来朝的一种呼应，又使整个雕塑体系的文化内涵达到了高潮。整个雕塑群单个看即景观小品，组合起来则成为雕塑体系，间或还布置了绿地以及水景，一些水景则是结合雕塑布置的。

（6）公共服务设施

街区全面设置行人无障碍设施，包括盲道、红绿灯提示音、上下行坡道等，道路标示设置完备。行人休闲设施沿景观轴线有序布置，街道家具设置契合唐文化的主题。

（7）广告设施。广告设施经过统一的设置，既达到了广告宣传的目的，又有艺术性与观赏性，并没有让行人感到突兀与反感。

（8）照明设计

采用三层布光的照明方法，上层屋顶用投光火串灯照明，呈现建筑物的天际轮廓线，中层用泛光灯和灯箱广告形成中景，底层则用橱窗照明和地面射灯形成近距离景观。

（9）水景

结合景观节点设置，如将雕塑群设置在水景中央，既展示了雕塑，又引入了水元素，增添景观节点的活力。在重点广场——贞观广场上设置旱喷，使水景与广场互相融合。

（10）特色空间

除了沿景观轴线设置街道中心广场以外，在街道两侧还间或布置下沉广场或灰空间以满足人们休憩娱乐的需要。

2. 上海外滩

上海是我国的金融中心，上海的外滩被世人称为“东方的华尔街”。20 世纪 30 年代，上海外滩已有近百家金融机构，众多的银行、钱庄、票号、证券交易所和信托投资公司，形成以外滩为中心连接海内外的巨大金融网络。20 世纪 90 年代，改革使“外滩”这条古老而美丽的滨江大道焕然一新，1993 年底，外滩综合改造竣工。外滩增添了绿地、雕塑、喷泉等。入夜，各个大楼彩灯齐放，五颜六色的灯火与水中倒影交相辉映。

3. 上海南京路

上海是中国最大的商业城市，南京路又是上海的商业中心，它被誉为“中华商业第一街”。南京路汇集了 600 多家中华名字号，每天人流量达 300 万人次。繁荣而狭窄的南京路两旁店铺、各种广告牌把楼房点缀得五颜六色。

4. 天津古文化街

天津古文化街位于旧城区的东北角，全长 580 米，宽 7 米。明清以来逐渐繁华，成为一条热闹非凡的集市大街和游乐中心。古文化街的两端各有一座彩绘牌坊，牌坊上端分别刻有“津门故里”“沽上艺苑”的大字，其余多为二层楼房清式店铺，建筑上有砖刻、木雕、彩绘等装饰。砖刻以山水花鸟为主，木雕有兵、马、战车等。古文化街各家门前均有楹联，这些古雅的楹联展示了中国商业文化的特殊景观。每逢传统节日，天津古文化街有各种各样的民间文艺活动和戏剧表演。

5. 拉萨八角街

拉萨是一座神秘而美丽的城市，就在这座神秘的城市中有一条古老奇特的街道，它就是著名的八角街。八角街长 1500 米，宽约 10 米，呈圆形。八角街并非因街道形状呈八角形而定名，而是因八角在藏语中为“八古”的音译，即寺庙四周的意思。八角街环绕着大昭寺，并在其四周。大昭寺是拉萨的中心，也是八角街的中心。八角街宽敞平坦，两侧的老式藏房高低错落，显得非常古朴又有民族特色，街心间隔置有几座喇嘛教的巨型香炉，烟火昼夜弥漫。

6. 巴黎香榭丽舍大街

香榭丽舍大街在法文中译为田园乐土大街。香榭丽舍大街既是巴黎之魂，又是巴黎的象征。它贯通市中心，全长 1880 米，宽约 100 米。巴黎的名胜古迹全由它连接起来，大街东端同 4 万平方米的协和广场相连，从东边步入其大街，映入眼帘的是气势宏伟的波旁宫，与波旁宫相对望的是世界最大的艺术博物馆——卢浮宫。大街西边是戴高乐广场。香榭丽舍大街建于 1670 年，目前在充满现代气氛的香榭丽舍大街上还保留大量的古朴老字号店铺。

7. 纽约华尔街

纽约华尔街是世界上著名的大街之一。人们一提起股票就会想起华尔街。它是国际金融的神经中枢，位于曼哈顿岛最南端，毗邻百老汇。

华尔街是英语的音译，是墙的意思，但华尔街并不是因为它有两排大墙似的大厦才取这个名字。据华尔街街口大厦墙上镶嵌着的铜牌记载，1653 年，荷兰统治时期，这里是新阿姆斯特丹总督的住地，为了方便警卫，总督下令用木头在曼哈顿即哈德逊河和东河之间筑起一道围墙形成一条街。1669 年，围墙被拆除，但街名一直沿用至今。当年，这条小街是农产品和黑奴的交易中心。华尔街从头至尾共有 120 个门牌，清一色的摩天大楼，高耸入云，遮住了阳光，使华尔街远远看上去犹如一条昏暗、狭窄的人造大峡谷。华尔街全长约 500 米，就这么短短的一条街，却聚集了世界级金融机构，它们是纽约股票交易所、纽约信托大厦、纽约三一教堂、美国联邦储备银行、纽约市政厅等。

二、建筑、庭院的景观环境设计

（一）建筑景观环境设计

随着经济的快速发展，人们的生活节奏的加快，人们的工作的压力也在不断增加，人们对居住环境和生活环境的实用功能需求与审美功能需求也不断地提升。

当前的建筑设计往往过于追求个性化，使建筑与周围的环境没有很好地融合，导致一个建筑独立于周围的环境之外，即使设计得很优秀，仍然会给人以一种不协调的突兀感觉。有时还会出现另外一种情况，就是过分强调建筑的外观设计，导致建筑具有较高的观赏性却缺乏实用性，造成资源的浪费，这就迫切需要将建筑设计与景观设计相融合。

建筑设计对整个建筑完工之后的质量具有很大的影响，直接关系到建筑的功能能否充分发挥。除此之外，建筑的景观设计对建筑的观赏性也有直接的影响。建筑应该同时兼具实用性和观赏性，这就要求在建筑设计的过程当中，将建筑设计和景观设计相融合，从而设计出实用性高，同时具有较高观赏价值的建筑，以满足现代人对实用功能和审美功能的双重需求。在设计的过程中，只有将两种设计意识融合在一起，才能够实现建筑设计和景观设计的完美融合。

在进行建筑主体设计之前，首先要对建筑所处的环境，以及景观的相关情况进行相应的考察和掌握。只有这样，才能够确保建筑设计与景观相融合。但是在实际的设计过程当中，设计人员对建筑的景观设计往往缺乏足够的重视，只提高建筑设计的将主要的精力放在建筑本体的景观设计意识。他们将景观设计看作城市规划的一部分，或者只将景观设计放在一个可有可无的位置上，这就导致建筑设计与景观设计之间存在分离的情况。在进行建筑设计的过程中，应该将景观设计作为建筑设计的前提和条件，这样在进行建筑设计时就会对其重视。在建筑设计过程当中，应该充分树立景观设计意识，并在其指导之下进行建筑的本体设计。

与建筑设计不同的是，景观设计是随着建筑使用的展开而逐步完善的，因此我们可以将其看成一种生命过程，其维护需要系统化的思想及理性的态度，以科学的理性控制景观生成过程。景观生成过程是对景观设计的科学性进行论证与实施的过程，是景观理性途径的应用。科学的景观生成过程应是对功能、经济、生态、效应、技术等因素进行严谨的逻辑分析及推理的过程；对景观场地内的地质、地形、地貌、水文、气候、植被、生物、地下埋藏物等进行“千层饼”模式的垂直分析。然而，在中国当代城市景观设计中，抒发个人美学情怀的传统造园作品仍然存在，不考虑客观存在的主观设计比比皆是。西方的景观设计意识仅仅作为舶来品，大多数人只学会了皮毛，而真正隐含的深层科学理性却少有人借鉴。

1. 运用建筑理念挖掘景观设计深度

目前我国景观设计的实践还处于初步阶段，学科发展不够系统完善，理念还停留在表层美化的层面。设计水准良莠不齐，盲目抄袭现象仍然存在。而以建筑的理念对待景观设计问题，可以成为目前阶段的可取方式，它使得景观设计不再是花花草草的粉饰、平面化的硬地延伸、对漏洞的简单遮盖，而是用建筑分析、决策、设计的方法来造就景观美学。运用建筑的思维创造出每个层面不同的功能，以科学的方式将广场与周围的建筑、公共设施结合成为系统化的环境。

2. 以建筑手段实现造景创意

在景观创造的过程中，复杂性与技术性往往制约着造景创意，现代城市中视觉景致的实现同样依靠建筑的支撑以及技术的辅助。景观的畅想空间大于建筑，但同样需要面对如何实现的问题。与传统植物造景的风景意象不同的是，现代的城市景观更关注用技术来表现科学与艺术的结合。因此，技术手段成为景观实现的关键，如伦敦西部帕丁顿地区的卷曲步行桥，就在技术的支撑下成为可动的景观。

3. 用建筑的思维解决景观限制的问题

城市中的建筑与景观往往要受到多方面的限制，包括场地的限制、经济的限制等。在设计过程中，采用建筑的思维方式可以解决很多限制性问题，如城市中的夹缝地带，无法实现模式化的城市造景，或不具备植物条件但又存在功能性要求的景观设计。在这类空间中，可以借鉴建筑思维中分析研究的方法，选择最经济适用的原则，解决景观设计中的限制性问题与复杂棘手的难题。

（二）庭院景观环境设计

一个好的庭院景观环境设计实际上是一部艺术作品，我们应该把建筑本身看作景观环境的一个元素，景观环境和建筑应该是脉络一致、相辅相成的，它们以及参与其中的人们共同构成庭院的真正风景。任何割裂环境、建筑和人的关系的景观都是不完美的，让建筑和环境相融，人和自然轻松交融、人与人能在自然中和谐共处，这是景观环境设计的愿望所在。庭院设计是以建筑为背景，以小品、绿化、水体为主的设计。我国现在主要的庭院设计是针对居民区、公司团体或机构的设计。其重点在于，设计时考虑建筑空间的特点和流线安排，利用绿化进一步分割平面区域，不同的领地有不同的植物配置，开敞的、半开敞的、私密的、半私密的空间，包括建筑的边界，都可以通过植物的合理配置来完成。一般来说，庭院的尺度不会太大，要求其各空间实体之间有一定的协调性。

（三）建筑环境、庭院景观环境设计案例

1. 亚利桑那中心庭院

位于美国亚利桑那州凤凰商贸城的亚利桑那中心城市设计与园林环境设计均由美国著名的SWA集团所承担。为了创造一种气氛活跃的公共中心，设计师在建

筑群之间布置了公共花园，从外侧道路沿一条弧形步道进入庭院平台。平台分两层，上层平台中心有圆形喷水池和一组抽象雕塑，空间被一侧扇形餐厅限定。上下层平台由台阶相接，弧形大台阶被小水景水池分成三段。下层平台也呈弧形，与水池相连的边缘设计成流动的大波浪线，与对岸半圆形水池的边缘相呼应。边缘的这种曲线处理使得弧形带状水池产生一种飘动感。透过池中清澈的水面可以看到铺满池底的鹅卵石。庭院中大乔木及树木主要在餐厅平台周边。与平台和水池相对的另一半是平坦的花园。庭院中的小径、花草与草坪组成的平面图案就像孔雀开屏的羽毛一样，从大楼高处向下看，有一种强烈的图案装饰效果。

2. 哈奈路（Havnegade）庭院

哈奈路庭院位于丹麦哥本哈根的一个三角形街区内部，三面是临街的连续住宅，底层的通道连接了街道和庭院。设计中一条修剪整齐的山毛榉树篱画出一条柔和的蛇形曲线，蜿蜒在场地中心的草地上，并为娱乐、游戏等活动围合出一个个小空间。沿着建筑的立面则分布着不同类型的休闲空间，提供了休息与交流的场所。一条弧形道路切开了绿篱，接了庭院的南北方向。建筑立面的格子架引导着绿色的植物向上攀爬，使这个空间既和谐又绿意盎然，苍翠欲滴。

3. 国家金属科学技术研究院

国家金属科学技术研究院位于研究院建筑围合的院落中心。设计的灵感来源于“人类对金属开采过程的理解”。在美国淘金热时期，人们在干旱严酷的环境中寻找财富，那里只有零星的几棵树木，干枯的河床在大草原上蜿蜒曲折，淘金者寻找水源并在有水的地方聚集，他们在远离人世的地方艰苦劳作。金属科学技术研究人员和当年的淘金者一样，在“淘金”的过程中艰苦而孤独地工作。为了表达这种情景的隐喻，设计通过对美国西部陶金环境的模仿，赋予景观环境以孤独、艰苦、执着的感觉。场地用花岗岩铺地，中心有碎石铺成的间流形态，以及河流分割后零碎的不规则形草地，在干涸的河床尽端，一个低矮的喷雾泉象征着水源。引用了这种对比，赋予它独特的、贴切的意义。

4. 赫尔辛基理工大学主楼

赫尔辛基理工大学位于芬兰赫尔辛基卫星城埃斯波的奥塔涅米。校园占地面积250公顷，就像一个大农场，有树丛、小路和公园，不同的院系建筑融于景观环境之中。容纳了测量系和建筑系的主体建筑位于一个小山上，建筑成阶梯形布局，顺应地形跌落，建筑与建筑间形成U形的庭院。在第一次规划中，中心部分被设计成像雅典卫城一样的高台效果，在最后的成型方案中，这种卫城的效果消失了，但主报告厅前的室外圆场强化了对希腊的隐喻。室外剧场由主楼报告厅的部分屋顶形成，其形式依然延续了阿尔托的信念——室外剧场是人类交往的理想形式。

赫尔辛基理工大学主楼前环境以宽大的草坡台地来处理地形的变化，完成从建筑到环境的过渡，简洁的绿色草坡台地塑造出主楼建筑的高大，也突出了主楼在校园中的标志作用。

三、公园景观环境设计

城市的公园，就如“城市的肺”。它提供给城市中紧张工作且备感疲惫的人们一个身心可以得到放松的地方。这个地方是人与自然接触和交流的最佳场所。公园一般以绿地为主，辅以水体和娱乐设施等人工构筑物。在城市公园设计中，以生态的绿色以及自然景观为主，应该是首先被重视的。

（一）主题公园景观环境设计

在主题公园景观环境设计中，每个主题公园都有着自己的主题，但即使是功能相近、主题相近的公园，在设计上也会有多样性的变化，彰显每个主题公园的个性与特点。

1. 主题的选择与定位

主题公园的景观环境设计在传统公园景观环境设计的基础上提出了新的要求，即不仅要满足游客的各种需要，而且要充分利用基地的自然资源、自然地形、自然景观等，创造完全不同的景观。它追求的不是中庸的设计，而是新奇的创意和引人入胜的景致。主题公园的组成要素分为自然要素和人文要素。自然要素包括土壤、山石、植物、水等；人文要素包括景观建筑、小品、铺地、坡道、桥梁等工程设施。主题乐园的景观要素，又在以上要素的基础上增加了很多表现主题的要素。例如，角色要素包括游行队伍、主题角色等展现主题的衍生元素。

2. 景观节点设计

主题公园的景观节点包括主景观节点和次景观节点。景观节点主要集中在道路交叉口、入园出入口、分区出入口等。这些景观节点的设计要求形象和立意要与主题保持一致，还要利用夸张、对比等设计手法进行表现，增强景观节点的视觉冲击力，便于游客辨别景观节点所在的位置。此外，还应该与所处环境进行充分融合，充分发挥其点缀环境和聚焦游客的功能。

3. 地标设计

一个主题乐园要想令人们印象深刻，一定要有它的标志，可以是它的吉祥物或地标。一般来说，地标的设计大多要么是体量、高度惊人，要么夸张或者有一定的历史背景和故事。主题乐园的地标设计一定要能生动地表现主题，诠释主题的含义，还要有明显的可识别性，对游客起到导视作用。

4. 各功能区规划设计

功能区包括停车场分区、游客服务分区、住宿饭店分区、公共空间休息区、主题馆区等。在做景观规划设计时，设计师要充分考量地形和坡度，结合土地使用规范，配合游览线路进行规划。主题乐园每个分区的规划设计一定要各有特色，一定要使游客有非常强烈的空间和领域意识，让游客慢慢接受这个非现实的世界，并真正融入其中，流连忘返。

5. 游园线路规划设计

在进行游园线路规划设计的时候，要做到人车分流，其目的除了保障游客的安全之外，还要方便游客游园，做好车行和步行的交接。要考虑到服务性专用车道的设置，设置的车道要与游园线路分离。要保证消防车、工程车、商品供应车辆、垃圾清洁车等专用车辆不能出现在游客的视野里，还要考虑地形和坡度，要有利于排水。在游园线路沿线景观设施的规划设计上，要能做到有系统地引导游客的视线，在进入每一个分区时，最好能让游客有惊奇地发现，就像乐园的大门一样，塑造十分强烈的领域感。在游园的线路上，固定距离最好设置休息设施。

（二）湿地公园景观环境设计

城市湿地公园建设强调的是湿地生态系统特性和基本功能的保护、展示，突出湿地特有的科普教育功能和自然文化属性。其景观环境设计要注意以下几点。

1. 保持湿地的完整性

原有的生态环境和自然群落是湿地景观规划设计的重要基础。对原有湿地环境的土壤、地形、地势、水体、植物、动物等状况进行调查后，在准确掌握原有湿地情况的基础上科学配置，只有与湿地原生态系统相互结合，才能在设计中保持原有自然生态系统的完整性。

2. 实现人与自然的和谐

除考虑人的需求之外，湿地景观设计还要综合考虑各个因素之间的整体和谐。只有了解周围居民对该景观的影响、期望等情况，才能在设计时统筹各个因素，包括设计的形式、内部结构之间的和谐，以及它们与环境功能之间的和谐。这样才能在满足人的需求的同时，也能保持自然生态不受破坏，使人与自然融洽共存，达到真正意义上的保持湿地网络系统完整性的目的。

3. 保持生物的多样性

在植物配置方面，一是应考虑植物种类的多样性，二是尽量采用本地植物，三是在现有植被的基础上适度增加植物品种。多种类植物的搭配，不仅在视觉效果上相互衬托，形成丰富而又错落有致的效果，而且与水体污染物的处理功能也能够互相补充，有利于实现生态系统的完全或半完全（配以必要的人工管理）的自我循环。其原则是，在现有植被的基础上，适度增加植物品种，从而完善植物群落。

4. 科学配置植物种类

关于植物的配置设计，从湿地的本质来考虑，以水生植物为植物配置的重点元素，注重湿地植物群落生态功能的完整性和景观效果的完美呈现。从生态功能来考虑，应选用茎叶发达的植物，以阻挡水流、沉降泥沙；采用根系发达的植物，以利于吸收水系污染物。从景观效果来考虑，要尽量模拟自然湿地中各种植物的组成及分布状态，将挺水植物（芦苇）、浮水植物（睡莲）和沉水植物（金鱼草）进行合理搭配，形成更加自然的多层次水生植物景观。从植物特性来考虑，应以乡土植物为主，以外来植物为辅，保护生物的多样性。

（三）儿童公园景观环境设计

由于儿童公园专为青少年儿童开放，所以在设计过程中应考虑到儿童的特点。儿童公园景观环境设计主要有以下设计要点。

① 儿童公园的用地应选择日照、通风、排水良好的地段。

② 儿童公园的用地应选择天然的或经人工设计后性能良好的自然环境，绿地面积一般要求占总面积的 60% 以上，绿化覆盖率宜占全园的 70% 以上。

③ 儿童公园的道路规划要求主次路系统明确，尤其是主路能起到辨别方向、寻找活动场所的作用，最好在道路交叉处设图牌标注。园内路面宜平整，不设台阶，以便于儿童推车前行和儿童骑小三轮车游戏的进行。

④ 幼儿活动区最好靠近儿童公园出入口，以便幼儿入园后，很快地进入幼儿游戏场开展活动。

⑤ 儿童公园的建筑、雕塑、设施、园林小品、园路等要形象生动、造型优美、色彩鲜明。园内活动场地题材多样，主题多运用童话寓言、民间故事、神话传说，注重教育性、知识性、科学性、趣味性和娱乐性。

四、公园景观环境设计案例

1. 上海市浦东世纪公园

位于上海市浦东新区中心的是上海市浦东世纪公园，是杨高路和内环线围合地区的绿色核心，也是始于东方明珠电视塔的城市中央轴线的终端。浦东世纪公园是为改善城市生态环境，美化城市，为城市居民提供日常休憩场所的现代的、新型的、自然生态的市级综合性公园。它以“风、土、水、林”等自然要素创造出不同的生态环境。公园占地面积为 140 万平方米，以大面积的草坪、森林、湖泊为主，建有乡土田园区、观景平台区、湖滨区、疏林草坪区、鸟类保护区、国际花园区和迷你高尔夫球场七个景区，设计上突破了中国传统的园林设计手法，将直线设计引入了公园设计中，直线设计体现出公园恢宏的气势，将公园的不同部分紧紧地联系在一起。在自然中显出条理性，有聚有散，以聚为主，张弛有度；布局中设置了供人交往和休闲的会晤广场、大型露天剧场、民俗村、自然博物馆、湖滨大道、大草坪和儿童游乐场等，提供了各种形式的休息场所，较好地发挥了公园的作用。

2. 特里尼泰特立交公园

位于巴塞罗那市东北边缘入城市门户位置的特里尼泰特立交公园，是原有大型立交交通枢纽改造设计后形成的，该公园位于立交道路环线的中心，北部是山地丘陵景色，周围有住宅、工厂、铁路，东面是贝索斯河新河道，该河在建设立交环路时将弯曲的河道取直。改建公园之前，这里是缺乏人活动的典型城市边缘地带。

建成后的公园主要为该区的居民服务，发挥一些使用功能，并同时改善了噪音和交通对环境的影响。公园占地约 7 公顷，以四周的环线道路为边界，标高低于环线道路。整个设计基于“线性”的设计思路，现有场地中的河道、电线、铁路线和公路都体现着这一线性关联。因此设计中的树木以线性排列，水池呈规律弧线状等，既呼应了场地现状，又产生了强烈的形式感，适于快速交通过程中对景观形成的深刻印象。园内种植梧桐、白杨树、红叶李、棕榈等。全园共分为树林区、弧形水池、缓坡草坪、露天剧场、体育活动区等几部分。树林区对公园环境有很好的隔离作用，该区面积约 1.5 公顷，由不同的树种组成林带，公园内树木以规整行列式种植为主，使人联想起巴塞罗那北部乡村公路的行道树景观。公园的三个入口分别与铁路站出入口、人行天桥广场以及步行道相连接，使附近居民能够方便地进入公园。弧线状水池延伸至大台阶和能够容纳 500 人的室外剧场，水池长 245 米、宽 18 米，可供人们划船、游戏，水池南段水面中有一弯腰少女雕塑和小喷泉，以及白色池缘、暖色散步道、成排绿树、大片草坪一起构成公园水景的点睛之笔。体育活动区有三块标准球场以及更衣室、休息咖啡屋等辅助设施。

设计者应用圆弧形和线性等设计构图的基本要素，形成完整的构图和具有视觉冲击力的空间格局，简洁、生动、醒目，并且不失诗意和灵活性。该项目在不可为中有所为的挑战精神和成功的设计，为全世界道路交通路口的景观设计提出了一个新思路。

3. 西班牙巴塞罗那北站公园

西班牙巴塞罗那北站公园位于巴塞罗那市拿波尔斯和阿莫加夫斯大街之间的城市火车北站，由于地铁建设而废弃，后在整个区的城市复兴计划中被规划为公园用地。公园平面基本为矩形，四周是各种公共建筑物和城市道路。公园内线状地形高低不平，周边还有一些规整的土坡。以艺术家贝弗莉·佩伯为首的设计小组的基本设计思想就是，解决地形与公园使用的矛盾，为人们创造休闲漫步的公共空间。

公园主入口面对东面的阿莫加夫斯大街，两个次入口均设在公园西侧，靠北侧的与沙德尼亚桥相连接，南侧的入口广场与一组传统建筑相连。公园空间是一种雕塑型空间，两个结合现状地形设计的景点“落下的天空”和“树木螺旋线”占据了公园广阔的中央地带，分别成为南北两个空间的中心。公园东侧面对着阿莫加夫斯大街，为土坡，整个南端和东北角成片种植了一些树木，林下铺设弯曲的步路。公园西侧，大草坪平坦，视线开阔，街对面是一组传统建筑和沙德尼亚桥。

公园沿阿莫加夫斯大街的大土坡在主入口处断开，两片高大扭曲的三角形挡土墙成了公园入口的景框。墙面用专门烧制的不规则陶片拼成一幅抽象的线条图。这种手法是贝弗利·佩珀对西班牙建筑大师安东尼奥·高迪的纪念。但是与大师所用的浓烈、实体般的色彩不同的是，她用的是流动的、纤细的、像水彩色般透明的淡蓝色。除了陶片墙面，贝弗莉·佩伯设计的风格别致的大门和入口木质灯柱均给公园主入口增添了特色和魅力。“落下的天空”也是一个大的陶艺作品。中心部分与一小山丘融为一体，长 45 米，南面最高处高达 7.5 米，成为公园最醒目的景物。四周稍平坦的草坡上设置了半弧形和月牙形两组线状陶艺品。这些作品的表面均用与主入口一样的蓝色调陶片饰面。“树木螺旋线”位于公园的沙德尼亚桥入口南面，地势较低。陶片刻出椭圆形螺旋线，沿螺旋线按发射状种植了一排排的树。“落下的天空”和“树木螺旋线”两组景物在地形形体上形成一凹一凸，呈现了一种互补与关联的关系。北站公园是雕塑家、设计师、陶艺家共同努力的结果，是雕塑与公园主题思想和艺术形式多方面统一与融合的结晶。

4. 上海迪士尼乐园

上海迪士尼乐园是一座“神奇王国”风格的迪士尼主题公园，包含六个主题园区，即“米奇大街”“奇想花园”“梦幻世界”“探险岛”“宝藏湾”“明日世界”。每个园区都有郁郁葱葱的花园、身临其境的舞台表演、惊险刺激的游乐项目。走进上海迪士尼乐园，最震撼人心的画面就是眼前巍峨耸立的公主城堡。每座迪士尼乐园都会有一座童话故事里的城堡作为地标，上海迪士尼乐园的城堡是所有迪士尼乐园中最高、最大的。上海迪士尼乐园中央建设一个占地约 69 亩的美丽花园，这个创意来源于中国元素。原来，在所有的迪士尼乐园中，入口都有一个美国小镇大街，这仿照的是华特·迪士尼本人生活的小镇面貌。而迪士尼方面在设计上海迪士尼乐园时，创意人员都觉得，美国小镇大街的概念可能对中国游客并不适合，于是就想到了中国园林的形式，所以上海迪士尼乐园在规划上具有中国传统设计魅力。

（1）“米奇大街”

“米奇大街”是奇思妙想的第一站，人们从步入这里起将感受到上海迪士尼乐园欢快的氛围，远离尘嚣，并由此进入各个充满探险、梦幻和未来感的主题园区中。“米奇大街”有许多美丽的马赛克拼瓷，拼凑出四季中的迪士尼明星。

（2）“奇想花园”

“奇想花园”赞颂着大自然的奇妙。人们徜徉于七座神奇花园中，时而驾着“幻想曲旋转木马”体验回旋的欢乐，时而乘着“小飞象”在天空中尽情翱翔，时而陶醉于“音悦园”的美景与旋律中。“奇想花园”拥有风景迷人的小桥步道，交织通达各个主题园区。漫步于园中，游客将遇见米奇和他的伙伴，更可以前往观景阶梯欣赏城堡舞台表演与夜光幻影秀。“奇想花园”包括七座风格各异的花园——“十二朋友园”“音悦园”“浪漫园”“碧林园”“妙羽园”“幻想曲园”和“童话城堡园”，分别呈现了亲情、友情与欢乐的主题。每座花园都充满了趣味盎然的活动、花繁叶锦的景观设计。

（3）“梦幻世界”

“梦幻世界”是上海迪士尼乐园中最大的主题园区，宏伟壮丽的“奇幻童话城堡”坐落其中。人们可以在城堡上俯瞰童话村庄和神奇森林，也可以在各类精彩有趣的景点中沉浸于备受喜爱的迪士尼故事。在这个童话仙境中，游客将乘坐“晶彩奇航”经历熟悉的迪士尼故事。这一奇幻的游览体验也成为上海迪士尼乐园全球首发的游乐项目。无论是年轻人还是拥有年轻心态的游客，都会沉浸于这个永恒的园区中，在这里见证童话的诞生和长存。游客可乘着“七个小矮人矿山车”在闪耀着宝石光芒的矿洞隧道中穿梭，在“小飞侠天空奇遇”里俯瞰伦敦，和小熊维尼探索“百亩森林”，和爱丽丝一起漫游华丽的“仙境迷宫”。

（4）“探险岛”

“探险岛”可带领游客进入远古部落中，这里四处弥漫着神秘色彩，还有隐秘的宝藏。巍峨的雷鸣山令人一眼就能找到“探险岛”园区，而它也是一则古老传说的发源地。神秘爬行巨兽长栖于山中，蛰伏着，等待重见天日的时机到来，据说山里偶尔传来的轰隆声就是它的怒吼。在雷鸣山脚可以去“古迹探索营”走出自己的探索之路，证明自己是真正的冒险家；或是在“翱翔·飞越地平线”里穿越时空；更可登上惊险的筏艇历险“雷鸣山漂流”，深入“探险岛”腹地。“探险岛”的历史从传说和迪士尼的想象中而来，源于数千年前亚柏栎人在这座岛屿上建立的昌盛文明。一支由国际探险家组成的队伍——探险家联盟发现了这座岛。“探险岛”的每一处都能让游客一探古老神秘，发掘这座与世隔绝的岛屿，从而留下难忘的回忆。

（5）“宝藏湾”

“宝藏湾”里有一群乐天随性、爱惹是生非又个性鲜明的海盗玩起了欢闹的游戏。游客能争当海盗船长的“大副”，还可与杰克船长合影留念，听他讲述海盗鲜为人知的故事。在位于“奇幻童话城堡”之中的“迎宾阁”里，游客能遇见迪士尼公主，并与她们合影留念。“皇家宴会厅”将提供皇室标准的盛宴佳肴。

（6）“明日世界”

“明日世界”展现了未来的无尽可能。它选用了富有想象力的设计、尖端的材料，利用系统化的空间，体现了人类、自然与科技的最佳结合。“明日世界”园区传达的是希望、乐观和未来的无穷潜力，全新的星际探险射击式项目“巴斯光年星际营救”带领游客勇往直前、超越无限；“喷气背包飞行器”让人们突破重力束缚；“星球大战远征基地”和“漫威英雄总部”则将游客带入星战和漫威的世界。在“创极速光轮”这个迪士尼全球首发的游乐项目中，游客将乘坐两轮式极速光轮摩托体验全球迪士尼乐园中最紧张刺激的冒险项目，飞速驶过室内、户外轨道，感受丰富多彩的故事。

参考文献

［1］文增，王雪．立体构成与环境艺术设计 [M]．沈阳：辽宁美术出版社，2014.
［2］束昱．城市地下空间环境艺术设计 [M]．上海：同济大学出版社，2015.
［3］左明刚．室内环境艺术创意设计 [M]．长春：吉林大学出版社，2017.
［4］乔继敏．城市居住环境艺术设计研究 [M]．北京：光明日报出版社，2016.
［5］谌凤莲．环境设计心理学 [M]．成都：西南交通大学出版社，2016.
［6］李晴，高月宁．装饰画及在环境设计中的应用 [M]．济南：山东人民出版社，2017.
［7］马爱民，张悦扬，马一函．室内环境艺术创意设计研究 [M]．长春：吉林美术出版社，2017.
［8］陈罡．城市环境设计与数字城市建设 [M]．南昌：江西美术出版社，2019.
［9］张波，武春焕．环境艺术设计专业教学与实践研究 [M]．成都：电子科技大学出版社，2019.
［10］黄茜，蔡莎莎，肖攀峰．现代环境设计与美学表现 [M]．延吉：延边大学出版社，2019.
［11］朱安妮．传统文脉与现代环境设计 [M]．北京：中国纺织出版社有限公司，2020.
［12］飞新花．环境艺术设计理论与应用研究 [M]．长春：吉林大学出版社，2021.
［13］赵俊程．关于环境艺术设计及个性化研究 [J]．现代交际，2016（21）：127.
［14］张浩源．自然元素在环境艺术设计中的地位和应用 [J]．美与时代（城市版），2020（11）：63-64.
［15］刘东文．人文理念下的环境艺术设计发展探讨 [J]．美与时代（城市版），2020（11）：67-68.
［16］董文霞．环境艺术设计中绿色设计理念的重要性与实践性 [J]．现代园艺，2020，43（22）：67-68.

［17］陈爽，陈欢．环境艺术设计在建筑设计中的表现与应用 [J]．居舍，2020（32）：115-116.
［18］陈立森．经济转型视角下环境艺术设计的新思路探讨 [J]．营销界，2020（46）：97-98.
［19］马爱平．新媒体技术在环境艺术设计中的应用 [J]．信息记录材料，2020，21（11）：136-137.
［20］俞兆江．关于传统文化元素在现代环境艺术设计中的运用研究 [J]．财富时代，2020（10）：123-124.
［21］詹莎莉．生态理念融入到环境艺术设计中的重要性 [J]．环境工程，2020，38（10）：258.
［22］杨兴胜．室内环境艺术设计中人性化设计的实践应用分析 [J]．北京印刷学院学报，2020，28（9）：65-67.
［23］杜晓莉．中国传统文化元素在现代环境艺术设计中的运用 [J]．居舍，2020（25）：97-98.
［24］姜懿桐．绿色设计理念在环境艺术设计中的应用探析 [J]．科技风，2020（23）：108.
［25］陈代强．环境艺术设计中绿色设计理念重要性与实践性的探讨 [J]．皮革制作与环保科技，2021，2（2）：26-28.